机车乘务员培训系列教材

劳动安全与法律法规

（“2+1”学员）

《机车乘务员培训系列教材》编委会　编

中国铁道出版社有限公司

2025年·北京

内 容 简 介

《劳动安全与法律法规("2+1"学员)》是"机车乘务员培训系列教材"之一,全书共分两章,第一章为劳动安全知识,第二章为法律法规。

本书可供"2+1"学员岗前培训,也可作为机车乘务员业务学习参考用书。

图书在版编目(CIP)数据

劳动安全与法律法规 :"2+1"学员 /《机车乘务员培训系列教材》编委会编. -- 北京 : 中国铁道出版社有限公司, 2025. 5. -- (机车乘务员培训系列教材).

ISBN 978-7-113-31667-9

Ⅰ. X9

中国国家版本馆 CIP 数据核字第 2024AX5378 号

书　　名:劳动安全与法律法规("2+1"学员)

作　　者:《机车乘务员培训系列教材》编委会

责任编辑:袁文东　　**编辑部电话**:(010)51873421　　**电子邮箱**:jiche@ tdpress. com

封面设计:郑春鹏

责任校对:刘　畅

责任印制:赵星辰

出版发行:中国铁道出版社有限公司(100054,北京市西城区右安门西街 8 号)

网　　址:https://www. tdpress. com

印　　刷:河北宝昌佳彩印刷有限公司

版　　次:2025 年 5 月第 1 版　2025 年 5 月第 1 次印刷

开　　本:710 mm×1 000 mm 1/16　**印张**:6. 25　**字数**:105 千

书　　号:ISBN 978-7-113-31667-9

定　　价:40. 00 元

编委会

前　言

为全面贯彻国铁集团推动新时代铁路职工教育高质量发展主题思想，构建系统完善的职工培训体系，进一步规范机车乘务员培训管理、提升机车乘务员技术业务素质，深入推进机务系统职工培训标准化、规范化建设，更好地完成机车乘务员成才培养工作，沈阳局集团公司机务部依托机车乘务员塑型成长全历程工作指南，组织编写了“机车乘务员培训系列教材”。

本教材针对机车乘务员塑型成才的五个阶段（入门、成长、塑型、进阶、成才）分别制定了相应的配套学习指导。教材内容全面，涵盖了法律法规、安全知识、基础知识、专业知识以及实作技能等方面，构成了一个完整的培训体系，使机车乘务员通过学习，可以达到“三个标准”，即机车副司机任职资质、机车司机驾驶资质、机车司机成才标准。

本套教材由中国铁路沈阳局集团有限公司、辽宁轨道交通职业学院、辽宁铁道职业技术学院、吉林铁道职业技术大学共同编写完成。《劳动安全与法律法规（“2+1”学员）》由曹辉、赵军担任主编，杨宾、王兆铁、徐亚娜、李原福、王旭、丛建卓、周德宏、丁洪东、韩涛、于佳田、韩剑峰、赵毅、王菲、刘慧文、李涵琪参加了编写工作。

本教材为沈阳局集团公司机务部、各机务段职工教育培训工作人员设计，旨在作为工具书和指导书使用，期望本教材能成为广大职工教育培训工作人员日常工作的得力助手，特别是在规范日常培训、提升工作效能等方面发挥积极作用。

鉴于时间和能力原因，本教材可能存在诸多不足之处，期望广大读者能提出宝贵的意见和建议。

编　者

2025 年 4 月

目　录

第一章
劳动安全知识

知识目标

本章针对生产作业中容易发生人身伤害的作业环节及控制措施进行详细的解读，重点对预防机车车辆伤害、预防触电伤害、预防高处坠落、预防起重伤害、预防物体打击、预防机械伤害、消防安全、预防中毒和窒息、防暑降温、防寒过冬、职业健康、现场急救、铁路行业规章及安全标志等14个方面进行阐述，使“2+1”学员通过学习，能够系统地掌握生产作业中存在的风险以及防控措施的相关要求。

能力目标

能够牢固地掌握相关的安全操作技能，正确佩戴劳动防护用品，规范使用机械设备，应对突发事件等。

素质目标

提高劳动者的安全意识，培养安全文化素养，主动遵守安全规定，预防事故发生。

第一节　预防机车车辆伤害

机车车辆伤害是铁路运输生产过程中的主要伤害之一。铁路作业人员在站场与线路上行走侵入限界、盲目穿越线路、避车安全距离不够、施工作业防护不当、未执行作业安全标准等，极易造成机车车辆伤害。掌握预防机车车辆伤害安全知识和作业防护技能，是确保铁路劳动安全的前提。

一、机车车辆伤害事故类型

机车车辆伤害是指铁路机车车辆在运行过程中碰、撞、轧、压、挤、摔等造成铁路作业人员伤亡的事故。铁路机车车辆是指在铁路线路上运行的铁路机车、客车、货车、动车组及各类自轮运转特种设备等。

按其造成伤害的主要因素可以分为：

1. 作业人员违章抢道、走道心、翻越车辆、钻车底、超速上下车、在机车车辆上未抓牢站稳、以车代步、作业侵限等人为因素造成的伤害。

2. 线路上作业不设防护、作业防护不到位、作业环境不良、未按固定走行路线行走、违章使用手机等声讯电子设备、违章指挥等管理因素造成的伤害。

二、机车车辆伤害事故安全风险辨识

铁路作业人员在生产过程中，容易造成机车车辆伤害的危险和有害因素较多，根据事故致因理论，事故致因因素包括人的因素、物的因素、环境因素和管理因素四个方面。

1. 人的不安全行为

(1)作业人员安全意识淡薄，缺乏防护技能。如作业人员没有树立安全意识，“安全第一”的思想移位，不遵守安全规章，存在侥幸心理，养成了惯性违章坏习惯；班前休息不充分，班中精力不足，未开展安全预想；工作不认真，心不在焉，不考虑自身及他人安全，简化作业程序；作业人员岗位技能不扎实，应变能力差，未掌握相关安全作业标准及防护知识，缺乏安全防护技能等。

(2)作业人员侵入机车车辆限界。如检查机车车辆时侵入邻线；不按规定的走行线路行走；沿线路行走时走道心或轨枕头；在机车车辆底下坐卧，以及钢轨上、轨枕头、道心里坐卧或站立；未随时注意邻线机车、车辆动态；扒乘机车车辆、以车代步；接发列车时，未站在规定地点。

(3)作业人员盲目穿越线路。如横越线路时，未执行“手比、眼看、口呼”“一站、二看、三通过”规定；未确认机车、车辆暂不移动就翻越车辆（车钩）；钻车底；横越停留机车、车辆的线路绕行时安全距离不够；在运行的机车、车辆前抢越线路等。

(4)作业人员违章上道作业。如未设防护或防护未到位，作业人员就上道作业；天窗点外擅自上道作业；无计划上道作业；提前上道作业；超范围上道作业；不在规定区域和时间进行作业；在不具备作业条件下上道作业；未设置防护信号进行装卸、检车、整备等作业；防护中断脱节；下道避车不及时；避车安全距离不足等。

(5)作业人员违反调车作业标准。如调车作业中未选好地点上下车、超速上下车、迎面上车、反面上下车；在运行中上下内燃、电力机车（设有上下车脚蹬的调车机车除外）；未按规定停车上下；在车列、车辆运行中未手抓牢、脚踏稳，违反禁止性行为［在车钩上，在平车、砂石车的端板支架上坐立，在平车、砂石车的边端站立；在棚车顶部或装载超出车帮的货物上站立或行走；手抓篷布或捆绑货物的绳索，脚蹬平车鱼腹形侧梁；在车梯上探身过远、经站台时站在低于站台的车梯上；在装载易于窜动货物的车辆间和货物空隙间站立或坐卧；骑坐车帮、跨越车辆；两人及以上站在同一闸台、车梯及机车一侧脚踏板上；进入线路提钩、摘结制动软管或调整钩位；溜放调车作业用脚提钩或跟车边跑边提钩（驼峰调车作业除外），抢越线路去反面提钩等］；调车人员使用人力制动机制动时未正确使用安全带；未设防护进入车指摘结制动软管、调整钩位；使用折角塞门放风制动；使用铁鞋制动时未背向来车方向、徒手使用铁鞋；作业中吸烟等。

（6）作业人员违反有关作业标准。如机车动车前，未确认车组人员到齐和车上车下无其他作业人员即动车；运行中，机车乘务员未认真瞭望，未按规定鸣笛，遇有危及人身安全时，未立即采取减速或停车措施；乘务员在机车、车辆运行中提车钩、摘制动软管或调整钩位；机车乘务员、检修人员及其他人员在列车运行中进行机车外部作业；电力机车、内燃机车、自轮运转设备等在运行中未关闭车门；人员探身车外瞭望作业时超出限界，上线作业违规携带使用手机等非生产配置的声讯电子设备等。

（7）防护用品、用具使用不规范。如未正确使用劳动防护用品；上道作业未按规定着装、佩戴防护用品和正确使用防护用具；夜间作业时穿戴无反光标志的防护服等。

2. 物的不安全状态

（1）作业设备存在缺陷。如调车作业时，机车车辆扶手、踏板、车辆闸台等稳定性差，强度不够；列车装载货物时的固定装置不良等。

（2）防护装置、设施存在缺陷。如防护装置、设施损坏、失效、失灵；防护装置、设施使用不当；夜间作业方位灯显示不良；调车信号显示距离不够；机车车辆防护栏作用不良；调车跳车平台设置不合理；调车作业安全带功能失效等。

（3）劳动安全防护用品、用具存在缺陷。如使用不符合标准的防护用品、用具；防护用品、用具作用不良；高可视警示服反光标志失效；防护雨衣、防寒帽无耳孔；手套未分五指等。

3. 作业环境不良

（1）作业场所环境不良。如作业处所多条线路间距离较近；作业通道狭窄、杂乱、不平整、湿滑；作业处所声音嘈杂；作业处所货物堆放安全距离不足，存在未回收的废旧轨料；调车作业处所未设置路肩、调车平台等。

(2)恶劣天气。如寒冷的冬季进行室外作业；高温天气进行室外作业；作业时遇降雾、霾、暴风雨(雪)、扬沙等恶劣天气等。

(3)站场照明条件不良。如照明灯具少，照明灯具作用不良、损坏严重等。

(4)特殊地形地貌。如作业处所线路存在大弯道，瞭望条件不良；作业处所存在无避车台的桥梁、隧道；作业处所安全避车距离不够等。

4. 安全管理缺陷

(1)安全规章制度不完善。如单位安全管理职责不清；未根据实际情况制定相关安全规章制度；制定的作业标准不规范；作业项目缺乏安全控制措施；应急预案及响应存在缺陷等。

(2)安全培训教育不到位。如未按规定对新入路人员、实习人员、新职、转岗、晋升人员进行安全教育培训；未按规定对作业人员进行安全警示教育培训；劳务及外包人员培训不到位；未按规定组织作业人员进行安全防护知识学习；专职防护员未经专门培训考试(复审)上岗等。

(3)监督检查不到位。如单位对现场作业缺乏监督检查；检查劳动安全隐患问题质量不高；检查发现违章、违纪现象不重视、无整改；处理影响安全的问题不主动、不迅速；检查发现安全问题没有及时整改，未做到闭环管理等。

(4)劳动安全投入不足。如劳动安全管理未投入相应资金支持；未配备专职或兼职劳动安全管理人员；不按规定配发劳动防护用品用具；配发防护用品用具不全等。

三、站场与线路行走安全

如何在站内、区间行走是确保人身安全的关键，安全避车是避免被运行中的机车车辆碰撞而受到伤害的重要环节。铁路作业人员在站场或线路上行走、横越时，应严格遵守站场、线路行走和避车的相关规定。

1. 站内、区间行走安全

(1)在站内行走应走车站固定行走线路，如站台或线路两侧平坦处。

(2)顺线路走时，应走两线路中间或路肩，作业人员及所携带的工具不得侵入机车车辆限界，并注意邻线的机车车辆和货物装载状态，严禁在道心、轨枕头上行走，不准脚踏钢轨面、道岔连接杆、尖轨、辙叉心等。

(3)在区间行走时应走路肩，不间断瞭望，在双线区间应面迎列车运行方向行走，禁止在邻线和两线中间行走或躲避列车。

(4)严禁扒乘机车、车辆,以车代步。

(5)严禁在机车车辆底下坐卧,以及钢轨上、轨枕头、道心里坐卧或站立。

(6)严禁在运行中的机车、车辆前面抢越。

(7)横越线路时,应走地道或天桥。必须横越线路时,应"手比、眼看、口呼",做到"一站、二看、三通过",并注意左右机车、车辆的动态及脚下有无障碍物。

(8)横越停有机车、车辆的线路时,先确认该机车、车辆暂不移动,然后在该机车、车辆较远处通过。

(9)必须横越列车、车列(组)时,严禁钻车。应先确认该列车、车列(组)暂不移动,然后由车辆通过台或两车车钩上越过。越过时勿碰开钩销,上下车时要抓紧蹬稳并注意邻线有无机车车辆运行,经车辆通过台越过应从车梯上下车。确认列车、车列暂不移动有困难时,禁止翻越车辆。从客车车门下车时,应左右瞭望注意邻线机车、车辆动态,防止碰撞。

(10)遇有降雾、暴风雨(雪)、扬沙等恶劣天气影响瞭望时,应停止线上作业和上道检查,必须作业时,应采取特殊安全措施,保证来车之前按规定的距离及时下道。

(11)站内设备巡检时,应面迎列车运行方向行走,不准脚踏钢轨面、道岔连接杆及尖轨等处。放置工具材料不准侵入建筑限界。作业人员接到来车通知后,应及时下道避车。双线地段或多线地段巡检道岔时应面迎来车方向。

(12)禁止在桥梁、站台、路肩上使用各类交通工具。

(13)禁止在未设置避车台的桥梁上躲避列车。若通过桥梁或进入下一个避车台时,必须确认具备安全通过条件时,方可通过桥梁。

(14)在站内抬运笨重工具、材料时,要呼唤应答、步调一致,并注意邻线列车动态;搬运材料、配件需在两线间行走时,应设置防护,不得紧靠线路。

2. 避车安全

(1)线路作业和巡检人员,必须熟悉管内的线桥设备情况、列车运行速度、密度和各种信号显示方法,作业和巡检时应注意瞭望,及时下道避车。

(2)步行上下工时,不得在道床范围内行走,注意前后瞭望;通过桥梁、道口或横越线路时,应与驻站联络员联控确认,执行"手比、眼看、口呼",做到"一停、二看、三通过",严禁来车时抢越。必须走道心时,应设置专人防护。进路信号辨认不清时,应及时下道避车。

(3)作业人员下道避车时应遵守以下规定:

①距钢轨头部外侧距离不小于 2 m,设有避车台(洞)的桥梁(隧道)应进入避

车台(洞)避车。

②本线来车下道避车距离应遵守表1-1中的规定。

表1-1　本线来车下道避车距离

列车运行速度 v_{max}	本线来车下道完毕距离
$v_{max}\leq 60$ km/h	不小于500 m
60 km/h< $v_{max}\leq 120$ km/h	不小于800 m
120 km/h< v_{max} <160 km/h	不小于1 400 m

③邻线(线间距不足6.5 m)来车下道应遵守表1-2中的规定。

表1-2　邻线来车下道避车规定

条　件		要　求
本线不封锁时	邻线速度 $v_{max}\leq 60$ km/h时	本线可不下道
	60 km/h<邻线速度 $v_{max}\leq 120$ km/h时	来车可不下道,但本线必须停止作业
	120 km/h<邻线速度 $v_{max}\leq 160$ km/h时	下道距离不小于1 400 m
	瞭望条件不良	邻线来车时本线必须下道
本线封锁时	邻线速度 $v_{max}\leq 120$ km/h时	本线可不下道
	120 km/h<邻线速度 $v_{max}\leq 160$ km/h时	本线可不下道,但本线必须停止作业

④在站内其他线路作业,躲避本线列车时,下道距离不小于500 m,与本线相邻的正线来车时,按①、③规定办理,与本线相邻的其他站线来车时可不下道,但必须停止作业。列车进路不明时必须下道避车。

⑤人员下道避车时应面向列车认真瞭望,防止列车上的抛落、坠落物或绳索伤人。

⑥人员下道避车的同时,必须将作业机具、材料移出线路,并放置、堆码牢固,不得侵入建筑限界;线间距不足6.5 m地段,正线两线间不得停留人员和放置机具、材料。

(4)高铁施工、维修及上道检查作业必须在天窗点内进行,天窗时段外不得进入封闭栅栏内。

(5)高铁地面信号设备故障处理必须采取临时封锁要点或在天窗点内进行。当设备发生故障,需在双线区间的一条线路上处理故障时,维护单位应按规定向列车调度员申请本线封锁、邻线限速(最高速度不得超过160 km/h)。

(6)普速铁路与高速铁路并行地段,作业必须遵守以下规定:

①进出高速铁路防护栅栏门、桥隧疏散救援通道门,执行高速铁路登销记

制度。

②本线与相邻高速铁路线间距不足 6.5 m 且天窗不同步地段，两线间应设置物理隔离，所有作业均纳入普速铁路天窗。作业时，相邻高速铁路列车限速 160 km/h 及以下，作业人员下道避车按(3)中①及表 1-2 本线封锁时下道避车规定办理。

③人员和工机具严禁侵入高速铁路建筑限界，需侵入高速铁路建筑限界时，封锁相邻高速铁路。

④与高速铁路同时封锁时，确认设好防护且高速铁路无路用列车通过时，可以跨越高速铁路，但应制定相应的安全措施，具体办法由铁路局集团公司规定。

(7)线路 v_{max}>120 km/h 的区段，巡查、巡守人员不得在道床范围内行走。

(8)作业人员原则上应从本线一侧上下道，确需横越线路时，应明确防护措施并纳入作业方案。

(9)在双线或多线地段的一股线上的施工作业要杜绝在两线间、邻线或跨线避车。

(10)在桥梁上和隧道内避车。列车通过前 10 min，在桥梁上的作业人员应撤离至桥头路肩或进入避车台避车，严禁在涵顶(无护栏、距离不足)和无避车台的桥上避车；在隧道内所有的作业人员必须进入隧道避车洞内或撤离至隧道外安全地点避车，严禁在隧道内其他地点避车。

(11)瞭望条件不良或联系中断情况下的避车。遇通信信号不良或瞭望条件不良，必须增加中间联络防护人员。如遇通话联络中断时，现场防护员必须立即通知所有作业人员携带机具(料)撤离到安全地点避车。待联络恢复正常后，按规定组织作业人员上道作业。

(12)道口岗位作业避车。列车通过道口时，道口看守员必须提前出务(场)立岗，立岗接车位置应距钢轨头部外侧 3 m 以上安全位置。道口看守员必须按规定及时关闭道口栏杆(门)，监视机动车辆及行人情况，正确处置突发事件。

(13)遇有动车、直达、特快旅客列车通过时，严禁对相邻线路的列车进行现场技术作业。

第二节　预防触电伤害

电气设备设施在运行过程中，受各种外在因素影响，如接触不良、接线松脱、绝缘老化破损形成漏电、短路等，会引发电气事故，甚至发生触电伤亡或电气火灾事故。而在电气化铁路中，由于接触网设备带有 25 kV 的高压电，并涉及电气化铁路运营的各个单位，更应注意触电事故的预防。为了适应电气化铁路劳动安全管理的特点和要求，防止可能发生的触电伤亡事故，确保安全生产和从业人员的生命财产安全，作业人员应严格遵守铁路安全法规和电气化铁路安全规定。

电能在生活、生产中被广泛应用，在使用电气设备过程中，如果没有掌握安全用电知识，可能会发生触电、火灾、爆炸等事故，影响生产甚至危及生命。

一、交流电、直流电

1. 交流电

交流电（简称 AC）是指方向和大小都随时间作周期性变化的电压或电流，又称交变电流。通常交流电波形为正弦曲线。交流电可以有效传输电力，生活中使用的市电就是具有正弦波形的交流电。目前，生产和生活中使用的电能都属于交流电。我国交流电供电的标准频率为 50 Hz。

2. 直流电

直流电（简称 DC）是指方向和大小都不随时间变化的电压或电流，又称恒定电流。直流电的电流方向总是由电源正极流出，再通过电路流入电源的负极。干电池、蓄电池和直流发电机等都属于直流电源。

交流电和直流电可以通过一定的形式进行相互转变。

二、高压电、低压电及安全电压

1. 高压电、低压电

高电压是指配电线路交流电压在 1 000 V 以上或直流电压在 1 500 V 以上的电接户线，反之为低压电。《铁路电力安全工作规程》规定，凡对地电压在 250 V 及以下为低压电，反之为高压电。

2. 安全电压

安全电压以通过人体的电流（不超过安全电流）与人体电阻（人体电阻与导电途径、皮肤潮湿、多汗、有损伤、导电扬尘、接触面、接触压力有关）的乘积为依据，是一个不确定的值。我国现行的安全电压额定值的等级为：42 V、36 V、24 V、12 V 和 6 V。一般性的规定是：在干燥的情况下，安全电压为 36 V；在隧道或潮湿场所，人体皮肤受潮，同时电器设备的金属外壳和能导电的构造物表面结露，规定安全电压为 12 V。在游泳池或设有电路的水槽内，规定安全电压为 6 V。《特低电压（ELV）限值》（GB/T 3805—2008）规定，在干燥的情况下，特低电压极限值为 33 V；在潮湿场所,特低电压极限值 16 V。

三、电气安全基本知识

1. 触电对人体的伤害

电流通过心脏会造成心脏功能紊乱,破坏原有的收缩、扩张节奏,心力衰竭,血液循环终止,使人因大脑缺氧而死亡;电流通过中枢神经(脑部和脊髓),可使呼吸停止、瘫痪;电流的热效应会造成电灼伤;电流的化学效应会造成电烙伤和皮肤金属化;电磁场的能量还会产生辐射。电对人体的伤害包括电击(如刺痛、灼热感、痉挛、麻痹、昏迷、心室颤动或停跳、呼吸困难或停止等内伤),绝大多数触电死亡事故都由电击造成;电伤(电烙伤、电灼伤、皮肤金属化等外伤)。以上为一次伤害,还会引起二次伤害。对于工频电,按照通过人体的电流大小及呈现的不同反应,分为如下四个级别:

(1)感知电流:引起人体感觉但无有害生理反应的最小电流。

(2)反应电流:指通过人体能引起肌肉不自觉收缩的最小电流值。通用值为 0.5 mA。

(3)摆脱电流:触电后能自主摆脱电源而无病理性的最大电流,成人为 10 mA,也是人体的安全电流。

(4)致命电流:引起心室颤动而危及生命的最小电流,成人一般为 50 mA。

2. 电流通过人体的途径

从左手到前胸是最危险的电流路径。这时心、肺、脊髓等器官都处于电路内,很易引起心颤和中枢神经失调而死。

从右手到脚的危险小一些,但会因痉挛而摔伤,造成二次伤害。从右手到左手的危险性比右手到脚要小些。危险性最小的是从左脚到右脚,但触电者可能会因痉挛而摔倒,导致电流通过全身或二次伤害。所以其安全性是相对的,每一种途径都会致人死亡。

3. 保证用电安全的基础要素

(1)电气绝缘:即用不导电的绝缘材料把带电体封闭起来。保持配电线路和电气设备的绝缘良好,是保证人身安全和电气设备正常运行的最基本要素。电气绝缘的性能是否良好,可通过测量其绝缘电阻、耐压强度来衡量。

(2)安全距离:是指人体、物体等接近带电体而不发生危险的安全可靠距离。如带电体与地面之间,带电体与带电体之间,带电体与人体之间,带电体与其他设施和设备之间,均应保持一定距离。如变配电装置安全距离、检修安全距离、操作安全距离等。在作业过程中,作业人员须严格遵守各项安全距离规定。

(3)安全载流量:是指允许持续通过导体内部的电流量。如果电流超过安全载流量,导体的发热将超过允许值,导致绝缘损坏,甚至引起漏电和发生火灾。因此,根据导体的安全载流量选择导体截面和设备十分重要。

(4)标识:明显、准确、统一的标识是保证用电安全的重要因素。颜色标识表示不同性质、不同用途的导线;标示牌标志一般作为危险场所的标志;型号标志作为设备特殊结构的标志。常用电线路标识:A 相为黄色,B 相为绿色,C 相为红色,明敷接地线涂以黑色。二次系统交流回路用黄色,负电源用蓝色,信号和警告回路用白色。仪表盘上运行极限参数画红线。

四、电气化铁路安全知识

电气化铁路,是以电能作为牵引动力的一种现代化交通运输工具。电气化铁路牵引供电设备带有高压电,因此与非电气化铁路相比,电气化铁路对人身安全和作业安全提出了更高的要求。

1. 牵引供电

(1)供电系统

电气化铁路是由电力机车(或动车组)和牵引供电系统两大部分组成,将电能从电力系统传送给电力机车的电力装置的总称叫电气化铁路的供电系统,又称牵引供电系统,主要由牵引变电所和接触网两大部分组成。牵引变电所将电力系统传输电线路电压从 110 kV(或 220 kV)降到 27. 5 kV,经馈电线将电能送至接触网;沿着铁路线的两旁,架设着一排支柱,上面悬挂着金属线,即为接触网。接触网是向电力机车直接输送电能的设备,电力机车升弓后便可从其取得电能,用以牵引列车。牵引供电构成的回路是:牵引变电所—馈电线—电力机车—钢轨和大地—回流线—牵引变电所,如图 1-1 所示。

(2)接触网

接触网是电气化铁路上的主要供电装置,它通过支柱及软横跨、硬横跨,以一定的悬挂形式将接触线直接架设在铁路的上方。它的功能是通过与电力机车车顶部分受电弓的滑动接触将电能供给电力机车(或动车组)。

接触网额定电压值为 25 kV,最高工作电压为 27. 5 kV,短时(5 min)最高工作电压 29 kV,最低工作电压为 19 kV(高速铁路为 20 kV)。

架空式接触网主要由接触悬挂部分、支柱装置、定位装置、支柱和基础四部分组成。前三部分带电,与支柱(或其他建筑物)接地体之间用绝缘子隔开。

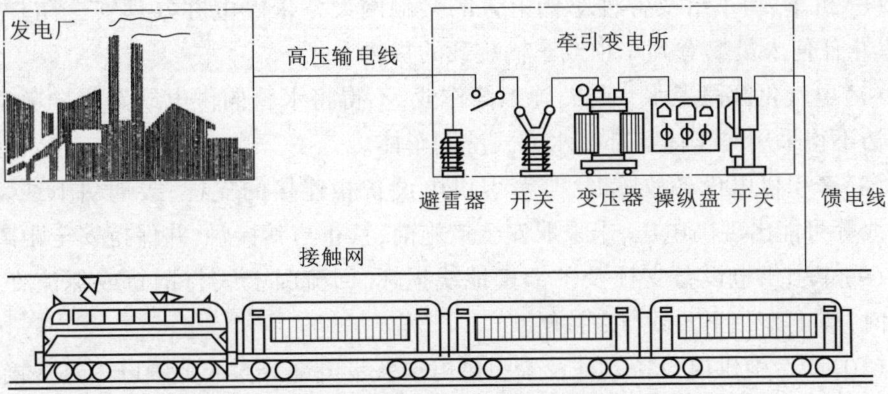

图 1-1 牵引供电系统组成

2. 电气化区段作业一般安全规定

电气化铁路牵引供电设备带有高压电，禁止直接或间接与上述设备接触，并保持足够的安全距离。电气化铁路沿线路内外各单位均需组织学习《电气化铁路有关人员电气安全规则》的相关内容。电气化铁路相关作业人员每年须进行一次安全考试，考试合格后，方准参加作业。牵引供电专业人员除了遵守《电气化铁路有关人员电气安全规则》规定外，还须执行牵引供电的专业规定。

(1)任何人发现牵引供电设备断线及其部件损坏，或发现牵引供电设备上挂有线头、绳索、塑料布或脱落搭接等异物，均不得与之接触，应立即通知附近车站，在牵引供电设备检修人员到达未采取措施以前，任何人员均应距已断线索或异物处所 10 m 以外。

(2)行人持有长大、飘动等物件通过道口时或跨越电气化铁路时，不得高举挥动，应与牵引供电设备带电部分保持 2 m 以上的距离。

(3)为保证人身安全，除牵引供电专业人员按规定作业外，任何人员及所携带的物件、作业工器具等须与牵引供电设备高压带电部分保持 2 m 以上的距离，与回流线、架空地线、保护线保持 1 m 以上距离，距离不足时，牵引供电设备须停电。

(4)电气化铁路区段，具有升降、伸缩、移动平台等功能的机械设备进行施工、装卸等作业时，作业范围与牵引供电设备高压带电部分须保持 2 m 以上的距离，与回流线、架空地线、保护线保持 1 m 以上距离，距离不足时，牵引供电设备须停电。

(5)在距牵引供电设备高压带电部分 2 m 以外，与回流线、架空地线、保护线 1 m 以外，邻近铁路营业线作业时，牵引供电设备可不停电，但须按照铁路营业线施工安全管理有关规定执行。

（6）机车、动车组及各种车辆上方的接触网设备未停电并办理安全防护措施前，禁止任何人员攀登到车顶或车辆装载的货物上。

（7）电气化区段上水、保洁、施工等作业，不得将水管向供电线路方向喷射，站车保洁不得采用向车体上部喷水方式洗刷车体。

（8）牵引供电设备故障时，与牵引供电设备相连接的支柱、接地引下线、综合接地线等可能出现高电压，未采取安全措施前，禁止与其接触，并保持安全距离。

（9）牵引供电设备支柱及各部接地线损坏，回流吸上线与钢轨或扼流变连接脱落时，禁止非专业人员与之接触。

（10）距牵引供电设备支柱及牵引供电设备带电部分5 m范围以内具备接入综合接地条件的金属结构应纳入综合接地系统；不能接入综合接地系统的金属结构须装设接地装置，接地电阻一般不大于10 Ω。

（11）站内和行人较多的地段，牵引供电设备支柱在距轨面2.5 m高处均要设白底黑字“高压危险”并有红色闪电符号的警示标志。禁止借助接触网支柱搭脚手架，必须借助接触网支柱登高时，必须有供电专业人员现场监护。

（12）电气化铁路区段车站风雨棚、跨线桥、隧道等构建物应安装牢固，状态良好，不得脱落。距牵引供电设备2 m范围内不得出现漏水、悬挂冰凌等现象。附挂在跨线桥、渠上的管路，以及通信、照明等线缆，须设专门固定设施，且安装可靠，不得脱落。

（13）电力线路、光电缆、管路等跨越电气化铁路施工时，须在接触网停电并做好安全防护措施后进行。

（14）电气化铁路区段，当列车、动车组在运行途中发生故障，机车司机、动车组司机、动车组机械师等需上车顶作业时，严格按照相关规定办理停电手续并做好安全防护措施后，方能作业。

（15）工务作业需拆开接触网接地线、吸上线，电务扼流变钢轨引线等设备时，应由专业设备管理单位按设备分界进行作业，并及时恢复。

（16）大型养路及施工机械作业，如施工机械不超出机车车辆上部限界，且作业人员及所持机具与接触网带电部分保持2 m以上距离时，接触网可不停电。不符合上述条件时，应按照规定办理停电手续并做好安全防护措施后，方能作业。

（17）各种受力和绝缘工具应有合格证并定期进行试验。

（18）电气化铁路区段电缆在切割电缆外皮或打开电缆套管之前，要将电缆（不含全塑电缆）外皮两端连通并临时接地，在作业地点铺设干燥的橡皮绝缘垫或作业人员穿高压绝缘靴进行。

第三节　预防高处坠落

高处作业在众多的生产环节中与铁路安全生产紧密相连，息息相关，因而对运输安全生产要求很高。一次失职，一个失误，一个不经意的疏忽，就会造成事故。由于高处作业危险性较大，不安全因素较多，较容易发生高处坠落事故。因此，熟悉和掌握高处作业安全技术，做好高处作业的安全管理、安全防护、监护工作，是高处作业安全的重点内容。

一、高处坠落事故类型

高处坠落事故是由于高处作业引起的，故可以根据高处作业的概念、等级和坠落范围、作业种类和特殊高处类别、高处坠落事故主要类型等形式对高处坠落事故进行简单的分类和了解。

1. 高处作业的概念

《高处作业分级》（GB/T 3608—2008）规定：凡在坠落高度基准面 2 m 以上（含 2 m）有可能坠落的高处进行作业，都称为高处作业，如图 1-2 所示。根据这一规定，高处作业涉及的范围相当广泛。

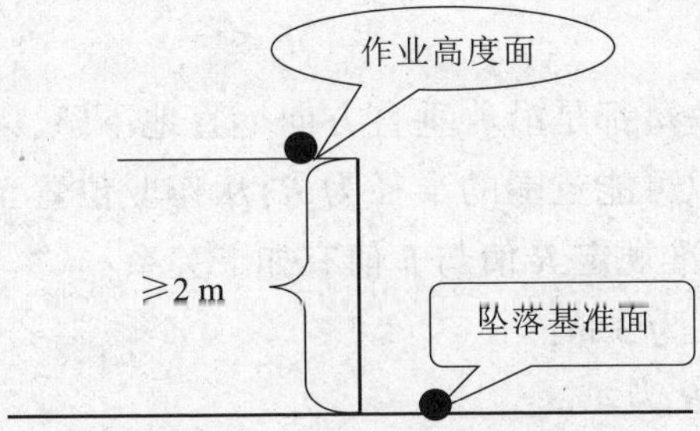

图 1-2　高处作业示意

高处作业按性质和环境的不同，可分为一般高处作业和特殊高处作业两类。

（1）一般高处作业为正常作业环境下进行的各项作业。

（2）特殊高处作业是指较复杂的作业环境下对操作人员具有危险性的作业，有下列 8 类：①强风高处作业（阵风六级，风速 10. 8 m/s）；②异温高处作业；③雪天高处作业；④雨天高处作业；⑤夜间高处作业；⑥带电高处作业；⑦悬空高处作业（图 1-3）；⑧抢救高处作业。

图 1-3　悬空高处作业

2. 高处作业等级和坠落范围

（1）高处作业等级

按照不同的坠落高度，高处作业的等级可分为以下四级：

①高度在 2~5 m 时，称为一级高处作业；

②高度在 5 m 以上~15 m 时，称为二级高处作业；

③高度在 15 m 以上~30 m 时，称为三级高处作业；

④高度在 30 m 以上时，称为四级或特级高处作业。

（2）高处坠落范围

由于并非所有的坠落都是沿着垂直方向笔直地下坠，因此就有一个可能坠落范围的半径问题。当以可能范围的半径为 R，从作业位置至坠落高度基准面的垂直距离为 h 时，国家标准规定 R 值与 h 值有如下关系：

①$h=2\sim5$ m 时，R 为 3 m；

②$h=5\sim15$ m 时，R 为 4 m；

③$h=15\sim30$ m 时，R 为 5 m；

④$h>30$ m 时，R 为 6 m。

3. 高处坠落事故分类

依据高处坠落事故对人体伤害的坠落方式，高处作业者工作时所处的部位区别不同，大体可分为 10 种类型：①攀登作业坠落事故（铁塔上、电杆上、设备上、构架上、树上及其他各种物体上坠落等）；②临边作业坠落事故（预留口、通道口、楼梯口、电梯口、阳台口、洞、沟、坑、池坠落等）。③悬空作业坠落事故。④脚手架上坠落事故。⑤坡面上作业坠落事故。⑥屋面上作业坠落事故。⑦ 拆除工程中坠落事故。⑧梯子上作业坠落事故。⑨操作平台作业坠落事故。⑩石棉瓦等轻型屋面坠落事故。

二、预防高处坠落的安全知识和防控措施

预防高处坠落需加强科学管理,明确岗位责任,熟悉作业方法,掌握技术知识,执行操作规程,正确使用防护用具用品,加强日常检查,做好防范工作,防止人与物从高处坠落的事故发生,才能有效地保障作业人员的人身安全。

1. 预防高处坠落的安全知识

(1)高处作业的风险评估

①高处作业前应进行危险识别及风险评估,并根据其结果选择恰当的工作方法及装备。

②风险评估是指对所有识别出的危险因素进行详细评价,确定其危险程度,应采取措施消除风险,如无法彻底消除,则应采取预防措施最大限度地减少人员受到伤害的可能。

③危险的识别与风险评估因现场不同而异,并应持续不断地复核,例如每天或每次转换工作后。只有在危险识别及风险评估后才可选择适当的坠落防护装备及系统。

④进行风险评估时,应考虑所有可能发生的紧急情况并制订相应的应急预案。

⑤应对每个识别出的危险因素及其风险评估和采取的预防措施加以记录。

⑥在进行安全生产系统规划时,应考虑下列因素:

a. 工作场所,包括工作场所的自然条件和工作场所环境条件。

b. 工作性质,包括任务的细节,如与之相关的特定危险、所需空间、所需时间。

c. 工作者,包括工作者身高、体重、体型;其所需要的行动范围及需要采取的姿势。

⑦个体坠落防护装备,包括使用者的条件;装备的特点及限制,如制作的原料及使用方法。

⑧高处作业应尽可能地消除危险因素,减小对作业人员的威胁。如果不能完全消除危险,则应最大限度地减少危险程度,至少降低至可接受的水平。选择坠落防护方式时,应遵循对人群的防护措施优于对个人的防护,预防坠落的措施优于减小坠落高度及后果的措施的原则,高处作业防护措施选择示例见表1-3。

表 1-3　高处作业防护措施选择示例

选用优先程度	作业装备分类	防护措施示例	
		对人群的防护	对个人的防护
高	防止坠落的作业装备	(1)带护栏的工作平台 (2)高级护栏系统 (2)栏杆 (4)多人用移动提升工作平台	(1)个体坠落防护系统 (2)个体坠落防护装备(区域限制安全带) (3)单人用移动提升工作平台
低	减小坠落高度及减轻坠落后果的作业装备	(1)高层安全网(距工作平面 7 m 以内) (2)工作平面附近安装的软垫系统	其他的个体坠落防护装备(绳轨、围杆作业安全带和坠落悬挂安全带)
	减轻坠落后果的作业装备	(1)软垫系统 (2)低层安全网(低于工作平面 7 m 以上)	(1)其他通常不用于坠落防护的充气夹克 (2)个体防护装备(如水上作业用的救生衣)
	其他	对作业人员进行指导、监督和培训,从而降低其遭受坠落伤害的风险	

注:a. 在优先程度上,对人群的防护措施优于对个人的防护措施。

b. 确定适当的坠落防护装备(及其优先程度)需要综合考虑所需进行的工作、装备安装、使用、拆除的风险,以及与使用的装备有关的救援。

(2)安全带的分类及选用

作业场所使用的坠落防护装备均应符合国家相关标准的要求,安全带应符合《坠落防护　安全带》(GB 6095—2021)的要求。按照使用条件的不同,安全带分为围杆作业用安全带、区域限制用安全带、坠落悬挂用安全带。安全带选用要求如下:

①在距坠落高度基准面 2 m 及 2 m 以上有发生坠落危险的场所作业,对人进行坠落防护时,应使用坠落悬挂用安全带或区域限制用安全带。

②在距坠落高度基准面 2 m 及 2 m 以上进行杆塔作业,对人进行坠落防护时,应使用围杆作业用安全带或坠落悬挂安全带。

③如工作平面存在某些可能发生坠落的脆弱表面(如玻璃、薄木板),则不应使用区域限制用安全带,而应选择坠落悬挂用安全带。

④当在作业过程中需要提供作业人员部分或全部身体支撑,使作业人员双手可以从事其他工作时,则应使用围杆作业用安全带。

⑤当围杆作业安全带使用的固定构造物可能产生松弛、变形时,则不应使用围杆作业用安全带,而应选择坠落悬挂用安全带。

⑥专门为区域限制用安全带设计的零部件,不应用于围杆作业用安全带及坠落悬挂用安全带。

⑦专门为围杆作业用安全带设计的零部件,不应用于坠落悬挂用安全带。

⑧使用坠落悬挂用安全带时,应根据使用者下方的安全空间大小选择具有适宜伸展长度的安全带,应保证发生坠落时,坠落者不会碰撞到任何物体。

⑨安装挂点装置时,如使用的是水平柔性导轨,则在确定安全空间的大小时应充分考虑发生坠落时导轨的变形。

⑩使用区域限制用安全带时,其安全绳的长度应保证使用者不会到达可能发生坠落的位置,并在此基础上具有足够的长度,能够满足工作的需要。

2. 高处坠落的防控措施

(1)高处作业人员要求

①凡从事高处作业的人员必须身体健康,并必须定期进行体格检查。严禁患有高血压、心脏病、严重贫血、梅尼埃病、癫痫病、精神病和其他不适于高处作业的人从事高处作业。

②凡从事高处作业的人员必须经高处作业上岗前安全技术培训,熟知现场环境和施工安全要求,经考训合格后,方可上岗作业。

③凡从事高处作业的人员工作中必须服从分工,听从指挥,了解本工作的作业内容和作业区域的环境条件,相互密切配合,行动统一,在保证作业安全的条件下开展作业。

④从事高处作业必须设立并明确现场监护人员。对于违章指挥,作业人员有权抵制;对于违章作业,施工作业负责人和监护人有权制止与批评教育;对于不听劝阻者,监护人有权制止停止作业。相关管理人员应随时检查高处作业情况。

⑤从事高处作业的人员必须正确穿戴好劳动防护用品,戴好安全帽、系好安全带(绳),穿好防滑软底鞋,不准穿拖鞋或赤脚作业,应有专门的工作服,扎紧袖口、扣好纽扣、束好衣服下摆、扎好裤管口,不能穿过于宽松和飘逸的衣服,做到衣着灵便。

⑥从事高处作业的人员严禁岗前饮酒,作业中严禁追逐、嬉闹、开玩笑,在作业的高处睡觉。作业中严禁因争抢时间而违章冒险作业;须注意劳逸结合,防止疲劳作业,工间休息应选择安全的地方休息。

⑦作业完毕要对作业场所进行检查,确认安全无误后方可下班,有交接班的作业必须认真进行交接班,做好交接班记录,做到交班不清楚不接班。

(2)高处作业环境要求

①高处作业场所应设定警戒范围并围挡,凡有危险的作业点应及时设置安全警示标志,不得擅自移动。

②高处作业场所必须有安全通道，通道不得堆放过多物件，垃圾和废料，边缘及孔洞设置符合安全规定的栏杆或盖板。悬空作业处应有牢靠的立足处，必须配置防护栏网或其他安全设施。夜间进行高处作业必须有足够的照明设备。

③脚手架搭设符合规程要求并经常检查维修，工作面必须铺设好脚手板，接头应设置在撑竿上，不得悬空，探头板应采取双边捆绑的防护措施。凡开裂严重、斜纹裂痕、腐朽、硬伤、有空洞、严重变形、有大结疤等缺陷和厚度小于 5 cm 或板宽小于 25 cm 的脚手板严禁投入高处作业使用。

④遇有六级及以上大风及恶劣天气时应停止高处作业。风息、雨停复工前，必须检查已检修安装的构件、设备、架子等是否牢固，如发现问题，应及时处理，处理妥当后，方可复工作业。

⑤轻型或简易结构屋面上作业，应铺木板分散应力以免踩踏屋面。临时使用搭设的支架应稳妥牢固，满足施工作业需要，上方作业面应铺设好脚手板并捆绑牢固，需经验收合格后方可使用。

⑥临边作业应设置防护围栏和安全网。栏杆下方应设踢脚板拦护，以防人员和物件坠落，平台上的脚手板应铺设稳妥，不得有探头板和空洞。临空处下方应设有安全网防护，安全网应悬挑出平台边缘。未设置隔离设施的高处作业，人员不得垂直施工作业。

⑦因工作需要移动或临时拆除的脚手板、安全网、栏杆、安全标志等安全设施，作业完工后必须立即恢复。没有固定的脚手架或不稳定的结构严禁高处作业，必须处理完善后方可开始从事高处作业。

⑧架设的辅助设施（如缆风绳、拉索、吊索、支撑）要设有标志，专人监护，防止有人移动。遇特殊情况下需高处作业的应架设可靠的安全防护辅助设施后，方可进行作业[如在车顶作业便于作业人员扣、挂、拴安全带（绳）的牢靠处等]。

⑨冬季施工要做好防冻、防滑、防寒措施，爬梯、杆，柱上要采用草袋（麻片）包裹防滑；霜冻、雨雪天气要先清除霜冻后再进行作业。

（3）高处作业安全管理要求

①作业前要进行安全分析，制订安全技术措施并组织交底，向作业人员交代作业任务和安全注意事项，详细了解作业内容和作业部位及周边状况。

②作业前应对施工现场进行检查督促，落实安全措施，要对人员行走的通道，行走和站立的脚手板，临空处的栏杆、安全网，上下梯子等进行检查，确认符合安全要求后方可作业。搭设完毕的设施，必须经施工负责人全面检查验收后方能使用。

③使用安全防护用品前应检查各部位是否完好无损，安全绳、系带有无撕裂、

开线、霉变,金属配件是否有裂纹、是否有腐蚀现象,弹簧弹跳性是否良好,以及其他影响安全带性能的缺陷。如发现存在影响安全带强度和使用功能的缺陷,则应立即更换。

④作业中必须系好安全带(绳),并且挂在作业处上方(高挂低用)的牢固的构架上,不准钩在转动设备或移动部件上。移动作业时应随摘随挂。调车作业使用手制动机(上闸台溜放、防溜)时,要做到上车先挂钩、下车先摘钩。

⑤从事高处作业时,必须注意架空电线,做好隔绝措施。要保持规定的安全距离,并要注意防止运送导电材料触碰电线。靠近电源线路作业前,应先联系停电,确认停电后方可进行工作。

⑥非生产高处作业,打扫卫生、贴刷标语,擦玻璃等需要登高也要按高处作业要求,系好安全带,并且要把安全带拴在牢固的构筑物上。严禁手拉门、窗进行攀登。

⑦临边作业应设置防护围栏和安全网。悬空作业应有可靠的安全防护设施。坡面(陡坡)作业安全桩及固定结构安设应稳固,严禁一个安全桩拴两根及以上安全绳或一根安全绳同时供两人及以上使用,谨防保护失效。未设置隔离设备时,严禁双层垂直作业。

⑧在石棉瓦、玻璃钢瓦、瓦楞铁、塑料屋顶(或薄板材料、轻型材料)作业时,必须铺设人字梯、木板,并做好必要的固定措施,以便工作和行走,禁止直接踩踏石棉瓦和玻璃钢瓦。

⑨使用移动作业架时,特别是移动作业架钩挂在桥梁作业通道栏杆上时,应详细检查作业通道、托架 U 形螺栓和作业架,同时应检算作业通道受力控制点的强度和梁体倾覆稳定性。未经检查或检算及检算结果不符合有关安全规定时,不得上架作业。人员攀登时应扶牢、踩稳。

⑩钢管脚手架、外墙作业吊篮、小型吊具必须按《建筑施工安全检查标准》(JGJ 59—2011)规定搭设,作业前必须经专业部门检查确认固定牢靠方可使用。外墙作业吊篮必须有属地安监相关部门检测合格证。移动式脚手架搭设不准超过三层并固定可靠。严禁在不稳固的脚手架或结构上行走或未采取防护措施进行作业。同时还要及时清理脚手架等上的工件和零物品散。

⑪攀登作业应遵守以下要求:

a. 攀登支柱、铁塔、电杆、设备、构架、树、脚手架前要检查其状态,选择攀登方向和条件,攀登时手把牢靠,脚踏稳准。要防止安全带从杆顶、构架等处脱出。

b. 支架拼装等作业的爬梯应随支架接高及时安装,禁止作业人员始终从结构杆件上攀上攀下。

c. 用脚和踏板攀登时，每步登高板扣好，挂钩开口朝上，并收紧挂钩再试拉；用脚扣时要试踏牢稳。特殊天气使用脚扣时，应采取防滑措施。要卡牢和系紧，严防滑落，未系好安全带、扣好保险前，禁止进行任何作业。每下一步电杆扣好登高板挂钩，并收紧试拉，每步下杆距离不应过大。禁止不借助于登杆工具，而从杆上滑下、跳下。

d. 高处作业应使用安全可靠的登高工具，严禁利用一般起重设备吊运或采用攀爬脚手架、设备等方式登高。作业至少需要两人，一人工作、一人监护，禁止一人单独工作和夜间高处作业。

e. 高处作业所用的工具、零部件、材料等必须装入工具袋，上下时手中不得拿物件，正确使用各种工具、专门的用具传递，禁止上下抛掷。

f. 在杆、塔等有人作业时，在下的人员必须处于依上层高度确定的可能坠落范围半径之外，半径内不得有人，杆、塔等下人员应戴安全帽并保持安全距离。

g. 在寒冷地区，冬天有杆、塔等上工作时间不宜过长，以防止手脚冻僵，发生意外。

h. 上树砍剪枝时，应有专人防护，作业人员不应攀抓脆弱和枯死的树枝，应站在坚固的树干上，系好安全带。

⑫检修作业车作业应遵守以下要求：

a. 检修作业车作业人员在作业平台防护栅外作业时，必须将安全带系在牢固可靠部位。

b. 作业平台上有人作业时，应听从作业平台上操作人员的指挥，在车辆移动前，应注意检修作业车及作业平台周围的环境、设备、人员和机具等情况，与附近的设备保持规定的安全距离，注意防止接触网设备碰剐坠落。移动的速度不得超过10 km/h，且不得急剧起、停车。

c. 用车梯作业时应指定负责人，工作台上的人员不得超过2名。所用的零件、工具等均不得放置在工作台台面上。

d. 所用的车梯和梯子，必须结实、轻便、稳固。作业中推动车梯应服从工作台上人员的指挥。工作领导人和推车梯人员，要时刻注意和保持车梯的稳定状态。工作台上人员和车梯负责人要呼唤应答，配合妥当。

e. 当车梯工作台面上有人时，推动车梯的速度不得超过5 km/h，并不得发生冲击和急剧起、停。

f. 检修作业车移动或作业平台升降、转向时，严禁人员上、下。人员上、下作业平台应征得作业平台操作人或监护人同意。作业时须关好作业平台的防护门，防护门关闭时应有闭锁装置。

g. 当车梯在曲线上或遇大风时，对车梯要采取防止倾倒的措施。当车梯在大坡道上时，要采取防止滑移的措施。

h. 当车梯放在道床、路肩上或作业人员超出工作台范围作业时，作业人员要将安全带系在接触网上，不得系在车梯工作台框架上，车梯在地面上推动时，工作台上不得有人停留。

(13)使用梯子作业应遵守以下要求：

①首先检查梯子是否坚固，放置要牢稳，不可使其动摇或倾斜过度，梯脚应采取防滑措施(包脚)，戴好安全帽，必须有人扶梯监护，方可作业。

②立梯坡度一般以60°左右，上部夹角以35°~45°为宜。梯子不得垫高、接高使用。

③金属梯不应在电气设备附近使用。

④梯子支柱必须能承受工作人员携带工具攀登时总重量，梯阶的距离不应大于40 cm。

⑤必须登在距梯顶不少于1 m的梯登上工作。

⑥严禁两人同时在梯上作业。

⑦靠在管子上或金属筒体上使用的梯子，其上端必须用绳索或铅丝扎住。

⑧人在梯子上工作时，严禁移动梯子。上下梯子时，必须面向梯子，且不得手持器物。

⑨人字梯必须具有坚固的铰链和限制开度在30°~60°的拉索。

第四节　预防机械、起重伤害

一、预防机械伤害的安全知识和防控措施

有效消除或控制设备、设施、作业环境的不安全因素和人的不安全行为，改善机械设备操作的不安全状况，加强从业人员的人身保护，可以避免或减少机械伤害事故的发生。

(一)安全知识

1. 一般安全常识

(1)未经授权许可，任何人不得拆除设备的安全装置或对安全装置进行改造。

(2)机具、动力设备要专人保管,严禁无关人员使用机械动力设备。严禁动用未经授权许可操作的设备。

(3)严禁随意更改设备的参数,以免影响安全操作。

(4)作业前穿戴好个人防护用品,着装要“三紧”,即:领口紧,袖口紧,下摆紧。进行金属切削工作时要戴好防护眼镜。

(5)设备的危险处所、不安全因素的部件,需要设置安全标志及明显的警示牌。

(6)不得用手或身体任何部位接触运转中设备的运动部件。

(7)各种机械设备转动的外露部分,都要设有安全防护装置。

(8)有联锁装置的防护门在联锁失效后严禁操作。

(9)需要打开或卸下安全装置时,应有显示危险的标志,防止设备被意外启动。

2. 操作安全规定

(1)各种机具必须有切合实际的安全操作规程,操作者须经相关安全培训,充分了解设备的安全性能及操作规范;严禁未经安全培训上岗作业。

(2)每日作业前应对设备进行点检,严禁设备带故障运行。

(3)开机前应检查是否有维修人员在维修,输送带上是否有杂物。

(4)开机前禁止将各种工具、工件材料放在设备台面上,防止工具、工件材料坠落伤人。

(5)操作车床、铣床等设备,操作者应佩戴防护眼镜;禁止徒手清理铁屑等杂物。

(6)操作旋转设备,严禁戴手套、穿宽松的衣服,长头发必须用头巾包好。

(7)清理、维护、维修设备时,必须停机后进行。

(8)设备运行中,禁止身体任何部位靠近、接触设备运动或旋转部件。

(9)禁止伸手越过转动的部位或工件进行操作、调整。

(10)操作机床时,在旋转刀具(钻头、丝攻、铣刀等)未完全停止转动前,不得用手接触刀具或使用工具制动。

(11)操作设备时发现任何异常状态应立即停机,及时进行检查、维修;严禁操作人员私自维修设备。

(12)设备长时间不用时,必须将机器各部件设定归为零位,并切断电源、气源、水源。

3. 特殊安全规定

防止机械伤害的“一禁、二必须、三定、四不准”的安全规定如下:

(1)不懂电器和机械的人员严禁使用和摆弄机电设备。

(2)机电设备应完好,必须有可靠有效的安全防护装置。

(3)机电设备停电、停工休息时必须拉闸关机,电箱按要求上锁。

(4)机电设备应做到定人操作、定人检查保养。

(5)机电设备应做到定期管理、定期保养。

(6)机电设备应做到定岗位、定岗位职责。

(7)机电设备不准带病运转。

(8)机电设备不准超负荷运转。

(9)机电设备不准在运转时维修保养。

(10)机电设备运行时,操作人员不准将头、手、身伸入运转的机械行程范围内。

(二)作业防护措施

1. 停机维修作业

(1)机械维修人员必须经相关专业培训并取得维修资格后才能进行维修作业。

(2)维修机械时,必须停机,切断设备的动力源(电、气、水)后并挂标示牌(如“设备维修中,禁止启动”)。

(3)进入设备内维修时必须做好相关防护,并派专人看护。

(4)对机械设备进行保养时(如清洁、加油等),必须停机并切断动力源。

(5)维修人员在高处(2 m 以上)作业时,应戴安全帽、系安全带。

(6)维修作业时,对设备中松动和仍能自由移动的部件加以固定。

(7)维修作业时,应防止维修部位受到外力而突然运动。

2. 切削剪压加工防护措施

(1)车床作业

①转动的夹具部分不得凸出过长,以防转动伤人。

②在开反车时应预先检查卡盘保险装置是否上好后,方准使用。

③拆卸卡盘时应用撬棍撬松卡盘主轴螺栓,不准用倒车或用棒顶,以防卡盘脱落。

④在加工长的工作物超过床身时,一定要有安全防护措施,防止甩弯伤人和损坏机床。

⑤利用正向卡盘夹持工作物时,其直径不得大于卡盘直径的三分之二。

⑥使用顶针顶工作物时,顶针孔大小要适合。旋笨重工件时,顶针伸出量不得大于三分之一,旋一般工件不得大于二分之一。

⑦车床运转中,不能隔着机床取物件、传递物品和清除切屑。切断工作物时,不得正对切口站立。

⑧加工偏心工作物时要加平衡铁。切削铸铁、铸铜毛坯凸出部分要先用手盘车试转。在切削中发现沙眼时要减少切削量,防止打刀伤人。

⑨在加工内孔时,严禁不停车将手伸到孔内试摸工作物或将头部靠近转动部分看切削内孔情况。

(2)刨床、插床作业

①在刨床最大行程内不准堆放任何物品。其尾部伸缩部分,应根据其长度安设防护挡杆。龙门刨床前后行程碰板必须牢固。严禁在行程内探头检查工件和站立。

②双刀架刨床两侧必须设闭车装置。在走刀时,要注意车刀与工件之间的空隙,防止碰撞工作物凸出部分。在停车后,必须将滑枕退回工作件后端,再卸工件。

③刨刀不宜装得过长。行程长度及吃刀量未校正前不得吃刀,校正后必须拧紧螺栓,方可开车。禁止超冲程使用。

④插床插内孔时,禁止不停车将手伸到孔内试摸或将头部靠近运动部位看切削内孔。

(3)钻床作业

①工作物必须卡紧、卡牢,不得用手扶持进行钻孔,以防转动伤人。

②安装钻头时应选择适当的钻头、外套。禁止在任何转速下用手拧紧钻套或更换钻头。

③较重或长大的工作物,应附以卡具、支架等加以紧固,必要时可用人力挡扶。

④使用手提式风钻、电钻前,应首先检查确认钻机的外壳、手把、开关、电源线、给风软管等技术状态和绝缘良好。操作时站立位置要适当,钻孔高度不得超过工作者肩部,不得用力过猛。在钻机尚未停止转动时,严禁接触钻头、钻夹头或钻套。严禁用手清除钻头上的碎屑。中断作业时,应立即切断电源、风源。

(4)铣床、镗床、磨床作业

①在铣刀上部及砂轮对着人的方向,应加装防护罩。

②安装铣刀及砂轮时,应检查确认无裂纹及其工作面良好。砂轮线速度应符合磨床转速要求方可安装,安装后要检查其牢固状态及同心度。

③工作中严禁对着砂轮站立,应将头部和身子站在砂轮回转方山的侧面。严禁将冷却液浇在砂轮片上,以免砂轮冷却而崩裂。

④镗床刀具伸出不得过长,运转中头部不得接近镗杆,严禁用手扶镗杆作业。

(5)剪、冲、压机床作业

①使用剪冲机时,要随时注意冲模剪口起落及工件移动,防止剪压划伤。剪切

冲压完的工件必须在剪刀张开或冲压头抬起停稳后方准移动。

②剪冲机械须有防止伤害的防护装置。

③使用摩擦压力机时,安装或更换模具要切断电源,手柄放于空位。

④往模具内取送料时要用工具敏捷取放,不得直接用手取送料。操纵手柄应掌握准确,行程不得过高。

⑤两人作业时,必须密切联系与呼唤应答,动作要协调。

(6)轮轴加工专用机床作业

①用立式旋床旋修笨重工件时,必须检查吊运工具确认状态良好并挂牢。在吊运中要稳起稳落。工件找正时不得高速操作。更换刀具须停车进行。

②向机床上装卸轮轴时,应注意吊车吊钩与机床油压千斤顶对正平衡的放置位置,防止吊装放置不当产生轮轴下落。旋下的铁屑,要随时清理,防止割伤后脚。

③用轮轴压力机装退轮对时,要首先检查确认压力机、吊具、卡具及各部螺栓、链、环等技术状态良好。在吊放轮对、车轴、车轮时,应注意稳起稳落,与天车司机做好联系及呼唤应答。

④轮轴压力机应按期检修。安全阀、压力表要按期检查校对,保持良好,并应标明检查校对日期。吊具及马蹄铁每月应做一次探伤检查。

3. 机械(工具)钳工作业

(1)使用钳工工作台铲削工作物时,虎钳不得有油,工件要夹紧。铲削时,对面若有人作业,要加防护网。铲削工具要良好。铲削到最后时用力要轻。

(2)修理机械必须停车卸负荷后方可进行。修理转动部分必须切断电源。修理带压力的容器必须先排除压力。拆装有弹簧压力的机具要做好防护。试验风动工具前各组合部分应组装牢固,缓慢开风。风锤、风铲不可对空、对人进行试验。试验风镐时,人员不得在镐顶盖的上方。

(3)拆装、检修较大机件时,所用吊具必须符合所吊工件的负荷。需多人作业时,事先研究好防护办法,指定一人指挥,工作中做好呼唤应答。

(4)拆装易倒、易落配件应有人防护,离开工作地时,应将配件安放稳妥。

(5)检修氧气表、乙炔表时,禁止用油压试验。

(6)分解组装机械上的配件时,必须密切注意其连接情况,在没有螺栓固定、支架垫妥或其他有效防护措施的情况下,严禁拆卸,以防止倾倒落下。组装需要吻合对孔的配件,严禁用手指摸探孔槽,必要时要以工具拨动。

(7)各种锤、铲、锉、冲、斧等手动工具的材质硬度要适中,表面需平整,无卷边、缺损、裂纹。把柄需用硬木制作,要平滑,无裂纹,不松动。锤柄应装有金属防脱楔子(不得用铁钉代替)。活动扳手、管钳子不准加装套管，不准用二个扳手咬合使用或用扳手代替手锤使用。挥抡大锤不准戴手套，在打击第一锤前，应注意周围环境，确认安全状态。

(8)一切工具、材料不得抛掷传递，不得放在机械转动部位和边缘处所。

4. 砂轮机作业

(1)砂轮机必须指定专人负责保管、监督，要经常检查保养，保持其良好状态。

(2)使用砂轮机人员，必须熟知砂轮机操作安全知识，佩戴防护眼镜。

(3)使用前，必须先检查砂轮有无裂损，防护罩是否牢固，研磨台间距是否在 3 mm 以内，然后启动试运转，确认全部良好后方可使用。

(4)砂轮机在使用中应遵守以下安全规定：

①不准用砂轮侧面研磨，不准一个砂轮两人同时研磨。

②砂轮磨耗接近夹盘时不准继续使用。

③过大工件不准在固定式砂轮上研磨。过小工件不准手持研磨，应用手钳夹牢作业。

④砂轮机开动后，身体应站立在侧面，头部要躲开，工件放置研磨台上，轻轻推动，严禁用工件撞击砂轮。

⑤凡使用手动(含风动、电动类型)砂轮机除应做好以上各点外，必须做到。一是使用砂轮机时，要戴好绝缘手套，脚下设有绝缘垫板。使用风动砂轮机时，开风要徐徐开启风门。作业中要选好研磨操作位置，防止一旦砂轮崩裂伤人。二是手动砂轮机使用或作业暂时停止时，不得将砂轮机随意乱放，应放在不潮湿、不冷冻、不碰撞的处所。

二、预防起重伤害的安全知识和防控措施

起重机械设备安全，是操作起重机械、有效预防起重伤害事故的根本，充分掌握起重机械安全作业知识和要求，通晓事故伤害危险辨识，才能在起重作业中起到有效防范事故，保障作业人员人身安全的作用。

(一)安全知识

1. 起重机械司机应无色盲、弱视(双眼矫正视力均在 5.0 以下)、弱听力(听力损失阈值 20 dB 以上)、低血压、高血压、贫血、器质性心脏病、癫痫及其他不适宜从事起重机械操作的疾病。

2. 特种设备操作、信号指挥人员须取得《特种设备作业人员证》方准独立

作业。

3. 起重吊运指挥信号应遵守《起重机　手势信号》(GB/T 5082)的规定,信号指挥可使用手势信号、音响信号或无线对讲机。

4. 起重机械作业要严格执行铁路装卸作业标准、操作规程和岗位作业指导书等。

5. 作业人员要严格执行劳动纪律,班前要充分休息,班前、班中不准饮酒,当班期间按规定穿戴工作服装、佩戴岗位标志、使用防护用品。

6. 新购置或改造后的起重机械,应按照起重机试验验收办法进行试验,确认符合安全技术条件后方可接收。投入使用前应对设备全面检查、调整,组织操作和维修人员进行技术培训,掌握设备构造与性能、操作要求、维保知识和安全注意事项。

7. 起重机械使用单位应当按照起重机械产品安装及使用维护保养说明,以及检查与维护规程相关标准的要求,对起重机械进行自行检查和维护保养并做出记录。

8. 同一线路或同一区域,多台起重机械同时作业要保持安全间距。流动式起重机械作业时,安全防护人员要划定作业区域。高处检修时,地面要设围栏或专人防护。

9. 起重机械应绝缘良好、安全可靠,雷暴雨天气不应作业。

10. 起重机械应当设有明显可见以及持久耐用的标记、安全警示标志。在危险部位或者区域设置明显可见的文字或者图形安全警示标志,对有可能造成电击危险的电气设备外壳应当设有带电安全警示标志;电气设备表面温度可能过高造成危险的应当设有高温安全警示标志等。

11. 起重机械作业场所地面应坚实平坦,空间尺寸、照明应适合机械作业要求,能够承受机械作业负荷。

(二)起重机械安全技术防控措施

1. 起重作业应确定起重机械架设位置、行走路线、与建筑物安全距离等,长臂式的塔式起重机,还应考虑与建筑物架设支撑固定点的位置。

2. 起重机械对地基的要求:

(1)履带式起重机:履带压强大,行走时需要有较好的道路。

(2)轮胎式和汽车式起重机:不适合在松软或泥泞的地面工作。必须稳定放妥支腿减轻轮胎受载,汽车起重机不应吊物行走。

（3）塔式起重机（轨道）：按规定铺设轨道，以防造成倒塔事故。

（4）塔式起重机（建筑师Ⅰ型）6～8 t 上旋式，安装需注意地锚埋设，并由专人检查。

3. 在架空输电缆线附近作业时，作业人员、起重机、工索具及货物的任何部位距输电线的最小距离应符合表 1-4 规定。

表 1-4　距输电线的最小距离

输电线路电压/kV	<1	1～20	35～110	154	220	330
最小距离/m	1.5	2	4	5	6	7

4. 多台起重机同一线路或同一区域作业注意事项：

（1）两台起重机塔身间最小距离为低位起重机臂长加 2 m，以防两机相碰。一台起重机中最低部件（吊钩在最高位置或被提升物品的最高位置）和另一台起重机中最高部件之间垂直距离不小于 2 m。

（2）同一线路上，两台及以上轨行式起重机，应安设防撞保护装置，保持 3 m 以上安全距离。顺向作业时，应隔车进行；相向作业至最后一辆货车时，应单台机械作业。

同一区域，多台流动式起重机同时作业时，安全间距应不小于 30 m。

（3）一台起重机在另一台顶部工作时，高位起重机须有防止起升钢丝绳进入低位起重机的起重臂和平衡重扫过的范围内的装置，间距最小应保持 2 m。

（4）所有起重机作业应装风向标。

（5）两台起重机抬吊，应选同型起重机，动作必须互相配合，两台吊钩滑轮组不能有较大倾斜，以防一台失重致使另一台超载。起重机负荷不得超过两台起重机总能力的 80%，绑扎索点使负荷分配不得超过每台起重机能力的 85%，两台起重机能力大小之比不得大于 3∶2。两台机械要配合协调，使吊钩和起升钢丝绳保持垂直状态。

（6）起重机负荷超过 70%额定能力时，禁止同时进行两种及以上操作。运行方向逆变时须停车，不得以倒车代替制动（危及安全的紧急情况除外）。

5. 起重机须设安全装置，如起重量限制器、行程限制器、过卷扬限制器、电气防护性接零装置、端部止挡、缓冲器、联锁装置、夹轨器、信号装置等。

6. 起重机须设电气安全保护装置，如主隔离开关、紧急开关、短路保护、零位保护、失磁保护、过流保护、联锁保护、接地保护，并具有良好照明、音响信号等装置，起升、变幅、运行机构要有可靠的制动装置。

7. 起重机必须按照《起重机　安全标志和危险图形符号　总则》(GB/T 15052—2010)规定设置安全警示标志。

8. 轨道露天作业起重机,应设防风制动装置。露天桥(门)式起重机应按要求安装防风制动器、锚定装置、夹轨器等可靠的防风抗滑装置以及风速风级报警器(汽车起重机等安装困难时可交给班组保管)。当风速大于 11 m/s 时,风速风级报警器能发出警示信号,起重机停止作业,并实施防风措施。

9. 起重机安装与拆卸须严格按设备说明书、施工技术方案、安全技术交底实施,需操作起重机时由持证人员进行操作。

10. 吊钩、吊环应用锻制毛坯加工,并应有产品合格证。吊钩、吊环磨损或缺陷严禁补焊,并严格按要求报废。

11. 起重机械设备存在安全隐患,一律禁止使用,严禁带病运行,待修复并验收合格后,方能继续运行使用。

(三)起重机械安全操作防控措施

1. 作业前准备:

(1)必须正确佩戴个人防护用品,并持证上岗。

(2)检查清理作业场地,确定搬运路线,清除障碍物。室外作业应了解天气预报。流动式起重机要垫实支撑地面,牢固可靠打好支腿,防止地基沉陷。

(3)对起重机各部件状态和吊装工属索具等进行安全检查、交接。

(4)熟悉吊物状况,根据技术数据进行受力计算,确定吊点位置和捆绑方式。

(5)对于大型重要物件吊运或多台共同作业吊装,须由有关人员、指挥、起重机司机和起重工共同确定作业方案,必要时提报审查批准。

(6)作业前应开展安全预想,对可能出现安全事故,采取有效预防措施,制定应急处置对策。

(7)流动式起重机械作业前,安全防护人员须划定作业区域,作业区外应设置醒目的安全警示标志或防护装置,防护人员穿反光防护服、配口笛或对讲机,站立安全位置。作业人员应位于流动式装卸机械操作人员可视位置,与装卸机械保持安全距离,穿反光防护服。非作业人员、设备,不得进入作业区域。

2. 作业过程中安全事项:

(1)每次作业的第一钩及起吊重量达到 80%额定起重量时,须试验制动性能。

(2)操作前和操作中接近人,必须及时鸣铃或示警。

(3)操作过程中严格执行“六不准”:①不准利用极限位置限制器停车;②不准

利用打反车进行制动；③不准在起重机作业中进行检查和维修；④不准带载调整起升、变幅机构的制动器，或带载增大作业幅度；⑤不准吊物从人头顶上通过；⑥吊物和起重臂下不准站人。

(4)严格按指挥信号操作，接到紧急停止信号，必须立即停止作业。

(5)吊载接近或达到额定值，或起吊危险品（液态金属、有害物、易燃易爆物）时，吊运前应认真检查制动器，并用小高度、短行程试吊，确认没有问题后吊运。

3. 作业过程中指挥注意事项：

(1)无论采取何种指挥信号，必须规范、准确、明了。

(2)指挥者所处位置应能全面观察作业现场，并使司机、起重工都可清楚看到。

(3)在作业进行的整个过程中（特别是重物悬挂在空中时），指挥者和起重工都不得擅离职守，应密切注意观察吊物及周围情况，发现问题，及时发出指挥信号。

4. 作业过程中，所有人员应根据现场作业条件选择安全的位置作业。在卷扬机与地滑轮之间穿越钢丝绳的区域，禁止人员停留和通行。起重吊装过程中必须设专人指挥，其他人员必须服从指挥。

5. 作业过程中严格执行“十不吊”：①超重或埋藏地下物不吊。②非信号人员指挥或信号不明不吊。③重量不明不吊。④吊钩没对准货物重心（歪拉斜拽）不吊。⑤未试吊不吊。⑥简化挂索、捆绑不牢不吊。⑦6 m 以上长大货物无牵引绳或司索钩不吊。⑧货物上有人，有浮摆物或勾连其他货物不吊。⑨吊索夹角过大不吊（不宜超过90°）。⑩金属尖锐棱角货物吊索无衬垫不吊。

6. 作业过程中吊运品坚持“三不越过”：①不从人头上越过。②不从汽车、火车头上方越过。③不从贵重物品上空越过。

7. 作业人员站位要求：

(1)起吊时应站在安全地点，与货物保持 2 m 以上的退让余地；起吊长大、易滑、柔性货物时，两端（侧）禁止站人。禁止站在货物上或车内死角处。

(2)向车内吊装长大货物，退让余地不足 3 m 时，人员不得预先进入车内；待货物进入车内降至离车地板 0.5 m 以下，司索人员方可进入车厢。吊装 8 m 以上长大货物，货物进入车厢前，车内禁止留人。吊卸 8 m 以上长大货物，司索完毕，人员离开后方可起吊。

(3)指挥人员应佩戴明显标志，站在使司机和工组其他人员都易看清的位置，发出的指挥信号必须清晰、准确。

(4)桥（门）式起重机作业中，汽车等作业车辆须进入机械运移区域时，司机应操作吊钩（吊具）远离汽车顶部区域。汽车到位停车后汽车驾乘人员须及时离开驾驶室，并退至作业区域外，司机待汽车驾乘人员离开作业区后，方可继续作业。受作业场地条件及作业工况限制，汽车驾乘人员频繁出入作业区可能影响人身安全时，至少应离开吊钩（吊具）运移区域、退至安全位置。

8. 作业完毕按以下程序操作：

（1）开到指定地点停放，门式起重机应将小车停在支腿上方（司机室随小车移动除外），桥式起重机小车停在司机室同侧。吊钩（吊具）升到上部极限位置，不得悬挂任何物体。正面吊将吊具调为20英尺（约6.1 m）状态，并上升到上部极限位置。臂架式起重机应将起重臂恢复定位、平行于线路停放，不得侵入建筑限界。

（2）露天起重机作业完毕后应加以锚定。

（3）各控制手柄必须置于零位，切断电源。

（4）认真填写运行记录、交接班记录，特别是不安全因素必须交代清楚。

9. 作业中突然断电，应将所有控制器手柄扳回零位，关闭总开关；如货物在空中，应使货物缓慢降落；如装卸机具[包括抓斗、钩头、料（铲）斗、电磁吸盘]或货物侵入限界，不得撤除防护信号；重新工作前，应检查起重机是否正常。

第五节　预防物体打击

物体打击会对作业人员的人身安全构成威胁，生产过程中时常出现机具、工具、物料坠落，物体崩块碎片打击伤人。特别是在作业周期短，劳动力、机具、物料投入较多，以及交叉作业时，常会发生物体打击伤害。这就要求在作业过程中，作业人员必须严格执行操作规程和有关规定，管理人员加强监督检查，防止物体打击事故发生。

一、物体打击事故类型

物体打击是指由失控物体的重力或惯性力引起的伤害事故。物体打击适用于落下物、飞来物、滚石、锤击、碎裂崩块（不包括因爆炸引起的物体）等所造成的伤害。常见事故类型如下：

（1）坠落物伤人。坠落物伤人是指从高处掉落或坠落的物体，砸中下方人员造成的伤害。如工具、零件、零部件等物高处掉落伤人；钢轨、钢筋等重物坠落等伤人。

（2）飞溅物伤人。飞溅物伤害是指物体（液体或固体）因受到某种力的作用而破碎成较小的个体（颗粒、液滴等），射向人员造成的伤害。如打桩、锤击造成碎物屑飞溅伤人，砂轮机、切割机破碎等伤人。

(3)抛物伤人。抛物伤害是指由行为人将物体抛出或甩出，砸中本人或他人造成的伤害。如作业过程中抛掷工机具伤人，旅客列车上抛掷瓶子等伤人。

(4)惯性力伤人。惯性力伤害是指物体发生碰撞、急停或急剧改变运动状态时对人员造成的伤害。如撬棍、扳手滑脱伤人，钢丝绳甩击，夹具、工件飞出等伤人。

二、预防物体打击的安全知识和防控措施

在作业过程中，作业人员要仔细观察、检查作业区域内的机械设备、建筑物、机具材料等的安全状况，及时发现和解决安全问题和隐患；严格执行安全作业标准，防止物体打击事故发生。

（一）预防物体打击的安全知识

1. 作业人员或检查人员进入施工现场必须按规定佩戴好合格安全帽和其他防护用品。应在规定的安全通道内出入和上下，不得在非规定通道位置行走。

2. 切削、敲打作业时，作业人员必须戴防护眼镜，穿着工作服和工作皮鞋。

3. 作业人员禁止从事其身体条件不适合的作业岗位。如患有高血压病、心脏病、贫血、癫痫病等不适合高处作业的人员，严禁从事高处作业。

（二）预防物体打击的防控措施

1. 通用作业安全要求

(1)从事特殊、特种作业人员，应取得相应资格证书。

(2) 作业前检查工机具技术状态是否良好，禁止使用存在安全缺陷的工机具。

(3) 作业现场按要求设置警示标志，按要求设置安全防护栏、防护棚。

(4) 作业过程中严禁抛掷材料、机具等。

(5)边缘处所或机械转动部位禁止放置工具、材料等。

(6)搬动重、大、长物件，必须有专人指挥，动作协调。

(7)使用车辆搬运物件时，严禁超载，应平稳摆放、装载牢固；装卸前，应规定作业顺序、方法和预防措施，并安排专人指挥。

(8) 使用符合安全要求的材料、构件，如脚手架、支撑架等强度、刚度符合安全标准。

2. 建筑施工作业安全要求

(1) 拆除或拆卸作业要在设置警戒区域、有人监护的条件下进行。

（2）多层建筑施工，在计划安排上要尽量避免立体交叉作业，确需进行立体交叉作业时，应事先采取隔离防护措施。

（3）搭设或拆除脚手架时，必须在作业区域，设置警戒区，并由专人负责警戒，严禁无关人员穿越警戒区。拆除的架料、扣件，必须堆码整齐，统一吊运地面，严禁从高处向下投掷架管、架板、扣件等。翻架板时应事先清扫板上杂物。

（4）施工工程的出入口，必须搭设坚固的防护板棚，棚的宽度要大于出入口，棚的长度应根据建筑物高度分别设置，一般以 5~10 m 为宜。

（5）施工工程靠近必须通行的道路时，应在道路上方搭设坚固、密封的防护棚，防止落物伤害行人。

（6）临街建筑面或高层建筑施工周边，应用竹笆、小眼立网与竹席密封，防止砖渣、石块、螺帽等较小物体坠物伤人。

（7）边长小于或等于 250 mm 的预留洞口必须用坚实的盖板封闭，用砂浆固定。

（8）楼层中堆放各种材料、配件等，距边沿的距离应大于 1. 5m。靠近伸缩缝旁，不宜堆放材料。

（9）所有井字架、门式架的吊篮，必须设置 1m 高的钢筋网护栏、护门，防止砖头等小型材料或斗车在垂直升降中坠落伤人。

（10）高处作业的下方不得同时有人作业。必须同时作业时，应做好防止落物伤人的措施，并设专人看护。

（11）在平台上起吊大模板时，平台上禁止堆放其他任何材料、配件、工具等物件，以防止滑落伤人。

（12）吊运大模板必须用卡环卡牢，防止模板坠落。大模板在校正固定之前，应用钢丝绳临时固定在楼板吊环身墙壁之筋上，以防止校正时大模板倾倒伤人。大模板应按施工组织设计规定的地方堆放，场地必须平整夯实。大模板存放时，必须将地脚螺栓提上去，使自稳角成为 70°~80°。没有支撑或自稳角不足的大模板，要放在专用的堆放架内或卧倒平放，不应靠在其他模板或构件上。

（13）深坑（槽）或地下室周边沿 1 m 内，不准堆放配件、模板、钢管、钢筋、砖石等材料，防止落物伤人或土方坍塌。

（14）在施工现场内，每一个危险部位都要悬挂相应的标志牌，以便提示作业人员预防危险的发生。

3. 铁路机械加工作业安全要求

（1）机器启动前应认真检查，保证安全可靠使用，防止零部件飞出伤人。

(2) 用撬棍翻转钢轨时，作业人员要站在同一侧，且不能用力过猛，防止撬棍、钢轨伤人。

(3) 使用砂轮机时严禁戴手套，要佩戴好防护镜(罩)。

(4) 开动砂轮时必须40~60 s转速稳定后方可磨削，磨削工件时应站在砂轮的侧面，不可正对砂轮，以防砂轮片破碎飞出伤人；不允许在砂轮机上磨削较大较长的工件，防止震碎砂轮飞出伤人。

(5)挥抡大锤不准戴手套，在打击第一锤之前，应注意周围环境，确认安全状态。

(6)架落车时，禁止手扶心盘销。必要时必须在两侧旁承上各垫以200 mm以上厚的硬木防护垫方准进行。在任何情况下不准将头和身体探入枕梁与摇枕之间。

(7) 转向架检修作业时，分解组装各部螺栓，要选用合适的扳手。使用电动工具时，精力要集中。更换套筒时，双手要紧握其中部。使用螺栓防转卡子时，要停机安放，防止挤手或滑落砸脚。

(8) 登高检修手制动机前，要先检查扶手、脚踏板、制动台的安装螺栓是否牢固，工具配件要放妥，防止坠落伤人。

(9) 在列车顶上作业时，不准将工具、材料放在边沿脚位，防止受震后落下伤人。

(10) 装卸轮对、车轴、车轮时，吊具挂妥后，要呼唤应答，人员要及时躲开，防止滑动、坠落。

4. 工机具、物料运送要求

(1) 材料应堆放整齐、平稳，作业场地及时清扫，每天做到工完场清。清理的各楼层杂物，应集中放入垃圾桶或斗车内，并及时吊运到地面，严禁从窗内往外乱投掷物料。

(2) 吊运一切物料都必须由持有司索工上岗证人员进行指挥，散料应用吊篮装置好后才能起吊。

(3) 高空安装起重设备或垂直运输机具，要防止零部件落下伤人。

(4) 高处作业人员应佩戴工具袋，使用的小型工具及小型材料、配件等，必须装入工具袋内，防止坠落伤人。高处作业使用的较大工具，应放入楼层的工具箱内。

(5) 高处拆除作业时，对拆卸下的物料、建筑垃圾要及时清理和运走，不得在走道上任意乱放或向下丢弃。

(6) 物料传递不准往下或向上乱抛材料和工具等物件。所有物料应堆放平稳,不得放在临边及洞口附近,并不可妨碍通行。

(7) 上下传送材料,特别是易滑的钢材,绳结必须系牢,以防止材料散落伤人。严禁上下作业和抛递工具、材料。

(8) 在深坑内砌筑或浇筑等,所用材料均应用溜槽向下投料,不准采用传砖和其他乱投的方法。

三、事故案例分析

案例 1　酒后上道闲聊被车撞压事故

(1)事故概况

某机务段运用车间两名副司机去接新配属的 HXD_{2C} 型电力机车回送返段途中,在车站停留期间,去站外饭店吃饭并饮酒,返回站内押运的机车途中,两人坐在 2 道某处右侧钢轨上,被上行通过的货物列车撞轧死亡,构成铁路交通事故。

(2)事故原因

一是酒后违章上道。机务段运用车间两名副司机,安全意识淡薄,在押运车停留期间,外出违章喝酒,返回后又违章上道坐于钢轨上聊天,被列车撞轧身亡,其行为违反了“禁止实施下列危害铁路安全的行为,在铁路线路上行走、坐卧”的规定和“严禁班前班中饮酒”的规定,这是造成事故发生的主要原因。

二是班组安全联控失效。机务段在外押运乘务员安全联控、互控不到位,按照押运工作分工,当事人应于 12 时至 24 时进行间休,但两人午饭后直接去网吧上网,直到 18 时 48 分结束,接着又去饭店饮酒直到 22 时返回。两人擅自外出,严重违章违纪。带班负责人疏于管理,班组其他成员缺乏互控,也是造成此次事故的重要原因。

(3)事故教训

①严重违章违纪。两人间休期间擅自长时间外出去网吧上网,违反劳动纪律;当晚两人各饮一瓶多白酒,严重违反劳动纪律。

②安全意识薄弱。两人酒后无视自身安全,违章坐在线路钢轨上闲聊,导致被撞身亡。

③押运人员管理不严。一是机务段对押运乘务员的管理办法不完善。机务段制定的规定“回送机车乘务员要坚守岗位,不得擅离机车。在异地滞留时间超过 24 h 以上,应采取轮休方式”,但未对押运乘务员轮休期间的管理做出具体、明确的

规定。二是机务段对押运乘务员管理不到位，考核不严格。

(4)有关要求

①各段要切实加强机车乘务员看道组织工作，一是提前制定看道计划和安全措施，合理确定登乘看道往返车次，控制一次登乘人数，确保看道效果；二是看道工作要指定现场负责人，明确责任，加强现场监督卡控，确保行车安全、人身安全。

②在段内、站内横越线路应严格执行“一站、二看、三通过”，并按固定走行径路行走。

③各段高度重视劳动安全、作业安全问题，加强教育培训(特别是新职人员)，细化完善安全措施，强化现场监督检查，杜绝人身事故的发生。

案例2　两起职工横跨线路被撞事故

(1)事故概况

①某机务段组织安排指导司机带领11名机车乘务员登乘机车看道。到达后计划随本务机单机返回，因单机长时间滞留，学习司机匆忙下机车去2道赶其他列车，在横跨线路过程中被通过的列车撞上死亡。

②某站四调执行第22号调车作业计划“14道摘1辆”作业时，由调车员与2号连结员共同确认进路后，由调车员一人领车作业，调车员让连结员(担当连结员独立作业68天)到四场行车室取货票，连结员进入行车室后发现没有货票，此时连结员看到下一篇调车作业计划单已经打出来，计划四调先到4道整理作业。连结员在没有调车员指令及没有得到四场4道溜放封死的情况下擅自进入4道作业，当行至前部第二辆与第三辆之间时，发现制动软管没有连接，在峰尾第二停车器处连接风管中，由于4道再次溜入车辆，并与前部车辆相撞后导致前部车辆移动，被移动的车辆将连结员仰面刮倒，车轮从两腿之间轧过。直到调车员呼叫连结员准备作业时，使用无线电话连续几次呼叫连结员，都没有应答，经现场检查发现，连结员在4道南端第二挡车器上被轧。

(2)事故原因

①职工违章进入线路作业，是两起事故的直接原因和重要原因。

②对新职人员跟踪互控不到位，在溜放车辆没有结束、该线路没有封死的情况下，下达作业计划，同一班作业人员没有互相监督卡控。

③监控干部失职，提前下达调车作业计划，现场不监督不卡控。

④对新职人员培训教育存在漏洞，培训内容不全面，培训效果不到位。

案例3 整备场碰撞事故

(1)事故概况

机车保养员在整备场5道接车整备和谐型电力机车,撒砂试验时向前移动了机车牵引手柄,导致机车在制动状态下向前移动,与前方公铁两用车发生碰撞并推行,造成公铁两用车脱轨,并与整备平台发生相撞,导致公铁两用车司机死亡,构成铁路交通事故。

(2)事故原因

由于机车保养员违章进行机车撒砂试验,并在准备换向检查非操纵侧砂路时,错把机车牵引手柄当成换向手柄向前移动,造成机车向前移动与公铁两用车发生碰撞,导致公铁两用车脱轨后碰撞整备平台,造成公铁两用车司机死亡,是该起事故的主要原因。

案例4 车辆伤害事故

(1)事故概况

某工务段保养工区代工长带领7名线路工从下行线开始上道进行撤板捣固作业,现场防护员因单独步行前往作业地点不在现场。作业过程中上行货物列车通过作业地点,工长等8人没有下道继续作业。此时下行线货物列车驶近,4名来不及下道的线路工被通过的货物列车撞上,造成重大伤亡,构成铁路交通事故。

(2)事故原因

①现场不设置防护就上道作业。现场防护员未与作业人员同行,单独行走,在作业人员上道作业时未到达作业现场,失去了现场防护员的作用。

②现场负责人严重违章指挥作业。现场负责人违章指挥,在现场防护员未到达现场的情况下,也未与驻站防护员联系就盲目组织人员违章上道。

③驻站防护员不知道区间有作业。负责驻站防护的驻站联络员对当日作业计划不掌握,只知道站内有一处作业,对站外区间有作业不清楚。

④驻站防护员盲目销记。驻站防护员在未得到现场作业负责人作业结束通知的情况下,不和现场防护员相互确认,就盲目按调度命令时间销记。

⑤邻线列车通过时不下道避车。事故发生时,上行线上列车通过,但是现场作业人员没有按规定停止作业,下道避车。邻线通过的列车严重干扰了现场作业人员的视听,造成所有作业人员均没有发现本线有列车接近而造成事故。

⑥作业人员不清楚天窗时间。事故调查发现,车间主任通知副主任明天早晨

下行有天窗，副主任通知现场负责人明早有天窗。事故调查发现，车间副主任、班组负责人、现场作业人员均不清楚天窗起止时间。

⑦天窗内不作业天窗外干活。按照调度命令，该处天窗维修作业的时间为6时32分至7时22分。事故发生前，天降小雨，7时10分现场负责人才和作业人员相继从工区出发，赶到作业现场时天窗时间已经结束。开始作业时，区间已经开通。

⑧不按规定设置防护标志。作业地点位于曲线上，瞭望条件不好，作业中在没有现场防护员的情况下，既没有增设预告防护员，下行本线来车方向也没有安设作业标，造成安全防护完全丧失。

⑨班前预想流于形式。作业前，现场负责人没有按规定组织召开班前会，只是个别简单分派任务，造成作业人员不清楚天窗起止时间，不清楚具体作业地点，不清楚作业人员分工，这也是造成驻站防护员不清楚区间有人作业的主要原因。更没有对曲线上的作业提出针对性的安全防护措施，造成班前会完全流于形式。

第六节　消防安全

火的发明应用造福于人类，推动了社会的进步和发展，但是由于用火不慎给人类生产、生活带来巨大的灾难，一把大火，往往使人们辛勤劳动创造的财富顷刻间就被无情地化成了灰烬，甚至毁灭整个工厂、整趟列车、整个城市等。

火灾本身就是一种燃烧现象，燃烧不但产生巨大的热量，而且生成气体、蒸汽、固体物质和浓烟。在燃烧过程中有些物质是有毒有害的，对人体具有刺激、麻醉、窒息作用，直接威胁着人们的生命安全。通过发生的火灾死亡事故来看，大多不是直接烧死的，而多是因为浓烟熏死的，即窒息死亡。因此，人们必须要懂得和掌握火焰燃烧和火灾扑救的相关知识。

一、火灾的概念

“火灾”是在时间和空间上失去控制，对财物和人身造成一定损害的燃烧现象。燃烧是可燃物与氧化剂作用发生的放热反应。物质燃烧之后发生了变化，生成与原来不同的物质，燃烧还伴有放热、发光和发烟现象。放热，是存在于物质中的化学能，在物质燃烧时一部分变成热能；发光，是人们用肉眼能观察到的光亮，由于物质的化学组成不同，以及所处环境不同，有些物质燃烧时的光较弱不易被观察到，而多数可燃物质燃烧时火焰光亮，且带有不同的烟熏现象；发烟，是燃烧产物悬浮在空气中的微小的颗粒群。

二、火灾的特性

1. 普遍性

普遍性是指火灾不论在哪个地区,不论在什么单位和部位,都会发生;火灾不限于发生在火灾危险性较大的单位和场所,从居民住宅到一般的大小单位(也包括公共场所)都可能发生。

2. 随机性

随机性是指随时、随地都可能会发生火灾。人们无法事先确定何时、何地、何场所将会发生。同时,也无法判断火灾的规模程度大小,具有一定的不可预测性。

3. 必然性

必然性是指在放松警惕、没有任何预防的情况下,它的发生是必然的,只要具备了起火条件,火灾的发生便是确定无疑的。

三、火灾燃烧的要素

发生火灾必须同时具备可燃物、氧化剂和引火源三个要素。

1. 可燃物

(1)气体、液体和固体物质。凡是在标准状况下能够在空气(氧)或其他氧化剂中燃烧的物质,一般都称为可燃物。少部分无机物和绝大部分有机物都是能够燃烧的。

(2)常见的有机物有天然气、液化石油气、汽油、煤油、煤、木材、塑料、橡胶、棉花、麻、化学纤维等。

2. 氧化剂

氧化剂是指与可燃物相结合导致燃烧的物质,俗称助燃物。可燃物燃烧必须与氧化剂发生反应,否则燃烧不能发生。氧化剂主要是空气、氧气、氯气、硝酸等。

3. 引火源

引火源是指能够使可燃物与氧化剂发生燃烧反应的能量来源。引火源常见的是热能,还有其他如电能、化学能、光能及机械能等。这些能多以热能表现出来。常见的引火源主要有:

(1)"明火"是比较强的热源,它能点燃任何可燃物质。因为火焰的温度约在700~2 000 ℃之间,高于一般可燃物质的自燃点。

(2)"火星"是在铁与铁、铁与石、石与石之间强力摩擦、碰撞时产生的高温渣粒，或者是从烟囱中飞出来的、施焊作业中溅出来的高温渣粒。这种火星的温度高达 1 200 ℃，虽然热量不大，但可以引燃可燃气体和液体蒸气，也可以引燃某些固体物质，如棉花、干草、锯末等松软物质。

(3)“电弧”和“电火花”是两极间放电产生的火花，或者是电击产生的电弧光，还有静电释放的电火花，由于这种引火源普遍存在于生活、生产之中，所以是易于被人们忽视的危险的引火源。

(4)“化学反应热”和“生物热”，即由于化学变化或生物作用产生的热能，这种热能如不及时散发掉，就有可能引发火灾或者爆炸事故。

四、火灾事故类型

1. 按火灾损害的程度分类

按照一次火灾事故所造成的人员伤亡、受灾户数和财物损失金额划分，可把火灾分为以下四个等级：

特别重大火灾是指造成 30 人以上死亡，或者 100 人以上重伤，或者 1 亿元以上直接财产损失的火灾；

重大火灾是指造成 10 人以上 30 人以下死亡，或者 50 人以上 100 人以下重伤，或者 5 000 万元以上 1 亿元以下直接财产损失的火灾；

较大火灾是指造成 3 人以上 10 人以下死亡，或者 10 人以上 50 人以下重伤，或者 1 000 万元以上 5 000 万元以下直接财产损失的火灾；

一般火灾是指造成 3 人以下死亡，或者 10 人以下重伤，或者 1 000 万元以下直接财产损失的火灾。

注：“以上”包括本数，“以下”不包括本数。

2. 根据物质及其燃烧特性划分，可将火灾分为以下六种类型。这种分类表明了燃烧物质的种类属性和扑救火灾时选择相应的灭火剂。

(1)A 类火灾，是指固体物质火灾，这种物质通常具有有机物性质，一般在燃烧时能产生灼热的余烬，如木材、棉、毛、麻、纸张、塑料制品、化学纤维等火灾。

(2)B 类火灾，是指液体和可熔化固体物质的火灾，如汽油、柴油、酒精、植物油、变压器油、各种溶剂、沥青、石蜡等火灾。

(3)C 类火灾，是指气体火灾，如煤气、天然气、氢气、沼气、氨气、一氧化碳等火灾。

(4)D 类火灾，是指金属火灾，如钾、钠、铝、镁、铝合金等火灾。

(5)E 类火灾：带电火灾，物体带电燃烧的火灾，如配电盘、变电室等。

(6)F 类火灾:烹饪器具内的烹饪物(如动植物油脂)火灾。

五、灭火和逃生技能

火灾事故警示我们,在起火初期的十几分钟,是扑灭火灾的关键时段。因此,应急处置必须要把握好两点:一是使用现场灭火器材及时扑救;二是要立即报火警。不管火势大小,要立即报警,报警早、损失少。

1. 灭火的基本原理

灭火的基本原理就是在发生火灾后,通过采取一定的措施,把维持燃烧所必须具备的条件之一予以消除,使其不能继续进行,火就会熄灭。因此,采取降低着火系统温度、断绝可燃物、稀释空气中的氧浓度、抑制着火区内的链式反应等措施,都可达到灭火的目的。

2. 灭火的基本方法

(1)火灾报警方法:发生火灾时,首先要拨打"119"火警电话,及时准确地报警是火灾施救的关键。

①火警电话接通后,应讲清着火单位,所在区县、街道、门牌号码或乡村的详细地址。

②要讲清什么东西着火,起火部位,燃烧物质和燃烧情况,火势如何。

③报警人要讲清自己的姓名、工作单位和电话号码。

④报警后要有专人在街道路口等候消防车到来,引导消防车去往火场,以便迅速、准确地到达起火地点。

(2)冷却灭火法:根据可燃物质发生燃烧时必须达到一定温度这个条件,将灭火剂直接喷洒在燃烧着的物体上,使可燃物质的温度降到燃点以下,使其停止燃烧。

(3)窒息灭火法:根据可燃物质燃烧需要足够的助燃物质(空气、氧)这一条件,采取阻止空气进入燃烧区的措施,或断绝氧气而使燃烧物质熄灭。为将火灾熄灭,需将水蒸气、二氧化碳等惰性气体引入着火区,以稀释着火空间的氧浓度。当着火区空间氧浓度低于12%,或水蒸气浓度高于35%,或二氧化碳浓度高于30%~35%时,燃烧一般都会熄灭。若可燃物本身含有化学氧化剂物质,是不能采用窒息灭火法灭火的。

(4)隔离灭火法:根据发生燃烧必须具备可燃物质这一条件,将燃烧物质与附近的可燃物隔离或疏散,中断可燃物的供应,使燃烧停止。

(5)化学抑制灭火法:使灭火剂参与到燃烧反应中去,起到抑制反应的作用。

具体而言就是使燃烧反应中产生的自由基与灭火剂相结合,形成稳定分子或低活性的自由基,从而切断了自由基的连锁反应链,使燃烧停止。

3. 灭火器类型

起火十几分钟初起阶段利用灭火器材及时扑救是最有效的手段。按充装灭火剂的种类不同,常用灭火器有水型、空气泡沫型干粉型、卤代烷型、二氧化碳型、7150 型等灭火器具。

①储压式干粉灭火器。使用灭火器时注意,先使灭火器上下颠倒并摇晃几下,使内部干粉松动并与压缩气体充分混合。然后摆正灭火器,拔出手压柄和固定柄(提把)间的保险销,右手握住灭火器喷射管,左手用力压下并握紧两个手柄,使灭火器开启。待干粉射流喷出后,右手根据火灾情况,上下左右摆动,将干粉喷于火焰根部即可灭火。

②外储气瓶式干粉灭火器。该灭火器主要由二氧化碳钢瓶、筒身、出粉管及喷嘴组成。使用时用力向上提起储气钢瓶上部的开启提环,随后右手迅速握住喷管,左手提起灭火器,通过移动和喷嘴摆动,将干粉射流喷于火焰根部即可灭火。

③水是最常用的灭火剂,木头、纸张、棉布等起火,可以直接用水扑灭。

六、火灾现场逃生方法

火场逃生是避免伤亡事故的关键环节。在火灾发生时,一定要想方设法进行逃生。人们在同火灾作斗争的同时,总结出火场逃生的十五种方法,有效掌握对于顺利逃出火海、减少伤亡具有重要作用。

1. 逃生预演,临危不乱。每个人对自己工作、学习或居住所在的建筑物结构及逃生路径要做到心中有数,必要时可按逃生路线图进行消防演练。

2. 熟悉环境,暗记出口。处于陌生环境,如入住酒店、商场购物、进入娱乐场所时,务必留心疏散通道、安全出口及楼梯方位等,以便关键时刻能尽快逃离现场。

3. 保持镇静,明辨方向。保持冷静,不要盲目出逃。要了解自己所处的环境位置,及时掌握当时火势的大小和蔓延方向,然后根据情况选择逃生方法和逃生路线。

4. 迅速撤离,不贪财物。逃生时不要为穿衣服或寻找贵重物品而浪费时间,也不要为带走自己的物品而身负重压影响逃离速度,更不要贪财,本已逃离火场而又重返火海。

5. 简易防护,匍匐前进。逃生时经过充满烟雾的路线,可采用毛巾、口罩蒙鼻,匍匐撤离的办法,开门窗前用手探查门窗温度以防烫伤;穿过烟火封锁区时,可向头部、身上浇冷水或用湿毛巾、湿棉被、湿毯子等将头、身裹好,再冲出去。

6. 胆大心细，善用通道。发生火灾时，除可以利用楼梯，还可以利用建筑物的阳台、窗台、天面屋顶等攀到周围的安全地点，再沿着落水管、避雷线等滑下楼脱险。

7. 高楼火灾，忌乘电梯。逃生时，一般不要坐电梯（消防电梯要在救护人员的指挥下使用），应从安全出口逃生。其原因：一是火灾中，易断电而使电梯“卡壳”，给救援带来难度；二是电梯直通楼房各层，火场的浓烟易涌入电梯中形成“烟囱效应”。人在电梯里随时都有可能被浓烟毒气熏呛或窒息而死亡。

8. 巧妙逃生，滑绳自救。用绳子或把床单、被套撕成条状连成绳索，紧拴在窗框、暖气管、铁栏杆等固定物上，用毛巾、布条等保护手心，顺绳滑下或下到未着火的楼层脱离险境。

9. 堵塞门户，固守待援。若用手摸房门已感到烫手，说明大火已经封门，再不能开门逃生。此时应关紧迎火的门窗，打开背火的门窗，用湿毛巾、湿布塞堵门缝或用水浸湿棉被蒙上门窗然后不停地用水淋透房门，防止烟火渗入，固守在房内，直到救援人员到达。

10. 缓晃轻抛，寻求援助。被烟火围困暂时无法逃离的人员，要立即返回室内，用打手电筒、挥舞衣物、呼叫等方式向窗外发出求救信号等待救援。

11. 走投无路，厕所避难。当逃离烟火区已无可能，又无其他条件可利用时，应冲向浴室、卫生间等。这些房间既无可燃物，又有水源。进入后，应闭门堵缝，向门泼水，打开排气扇，打开背火的窗子等待救援。

12. 身上着火，切勿惊跑。如果身上着火应及时脱去衣服或就地打滚进行灭火，也可向身上浇水，用湿棉被、湿衣物等把身上的火包起来，使火熄灭。

13. 辨明情况，低层跳离。火场上切勿轻易跳楼，在万不得已的情况下，住在低楼层（一般 2 层以下）的居民可采取跳楼的方法进行逃生。但首先要根据周围地形选择高度差较小的地面作为落地点，然后将床垫、沙发垫、厚棉被等抛下做缓冲物，并使身体重心尽量放低，做好准备以后再跳。

14. 互相帮助，利人利己。要发扬互助精神，帮助老人、小孩、病人优先疏散。对行动不便者可用被子、毛毯等包扎好，用绳子布条等吊下。逃生过程中如看见前面的人倒下，应立即扶起，对拥挤的人应给予疏导或选择其他疏散方法予以分流，减轻单一疏散通道的压力，竭尽全力保持疏散通道畅通，以最大限度减少人员伤亡。

15. 既已逃出，不要回头。一旦逃离危险区，受灾者就必须留在安全区域并及时向救助人员反映火场情况，即使发现还有人没撤出来，也不能贸然返回。正确的做法是，由消防人员组织营救。

第七节　预防中毒和窒息

目前世界上的有毒有害化学物多达200余万种，常用的有近7万余种。在生产过程中从原材料到成品，每个环节都有可能接触到毒物。加强预防中毒和窒息知识教育，提高职工防范意识，防止职业病和事故的发生，提高劳动生产率，促进铁路运输生产任务的完成有着重要的意义。

为保护作业人员的生命安全、身体健康、有效预防、控制和消除中毒和窒息危害，生产经营单位应采取有效的预防措施，消除事故隐患。同时，作业人员应掌握预防中毒和窒息的基本知识。

一、毒害品的种类

毒害品的种类很多，按化学组成可分为无机毒害品和有机毒害品；按毒性大小可分为剧毒品和有毒品。把两个方面结合起来，即分为无机剧毒物品、有机剧毒物品、无机有毒物品和有机有毒物品4类。按国际上比较普遍采用的分类法，半数致死量分级法可分为剧毒、高毒、中毒、低毒、基本无毒和无毒6类。

1. 无机剧毒、有毒物品

(1)氰及其化合物，如KCN、NaCN等。

(2)砷及其化合物，如As_2O_3等。

(3)硒及其化合物，如SeO_2等。

(4)汞、锑、氟、铅、钡、磷、碲及其化合物。

2. 有机剧毒、有毒物品

(1)卤代烃及其卤化物类，如氯乙醇、二氯甲烷等。

(2)有机金属化合物类，如二乙基汞、四乙基铅等。

(3)有机磷、硫、砷及腈、胺等化合物类，如对硫磷、丁腈等。

(4)某些芳香环、稠环及杂环化合物类，如硝基苯、糠醛等。

(5)天然有机毒品类，如鸦片、尼古丁等。

(6)其他有毒品，如硫酸二甲酯、正硅酸甲酯等。

二、铁路装运危险货物罐车罐体标识

1. 铁路装运危险货物的罐车罐体本底色应为银灰色，罐体两侧纵向中部应涂刷一条宽300 mm表示货物主要特性的水平环形色带：红色表示易燃性，绿色表示氧化性，黄色表示毒性，黑色表示腐蚀性。

2. 装运酸、碱类的罐体为金黄色，罐体两侧纵向中部应涂刷一条宽 300 mm 黑色水平环形色带。装运黄磷的罐体为银灰色，罐体中部不涂打环形色带，罐体两端右中部喷涂 9 、13 号危险货物标志图。

3. 环带上层 200 mm 宽涂蓝色，下层 100 mm 宽涂红色或黄色分别表示易燃气体或毒性气体。

4. 罐体两侧环形色带中部（有扶梯时在扶梯右侧）以分子、分母形式喷涂货物名称及其危险性，并按规定在罐体两端头两侧色带下方喷涂相应标志。

三、有毒有害场所作业中预防中毒的措施

1. 当接触危险化学品时，不能吃、喝、吸烟及嚼口香糖。
2. 不要在化学物品区域或生产岗位存放食物及饮料。
3. 与危险化学品接触后，必须用肥皂洗手。
4. 避免皮肤及眼睛与危险化学品直接接触。
5. 绝对不能用裸手与危险化学品接触。
6. 如果发现有粉尘，必须立即戴防粉尘面具，面具中的过滤器应该定期更换。
7. 定期更换脏衣服，危险化学品区所有的劳动防护用品要单独存放。
8. 熟悉掌握并遵守紧急救护的有关规定和步骤。
9. 不能一个人单独进行作业。

四、在密闭、有限空间作业预防中毒和窒息措施

1. 进入作业现场前，要详细了解现场情况和以往事故情况，并有针对性地准备检测与防护器材。

2. 进入作业现场后，首先对有限空间进行氧气、可燃气、硫化氢、一氧化碳等气体检测，确认安全后方可进入。

3. 对作业面可能存在的电、高、低温及危害物质进行有效隔离。

4. 进入有限空间时应佩戴隔离式空气呼吸器或佩戴氧气报警器和正确的过滤式空气呼吸器。

5. 进入有限空间时应佩戴须通风换气隔离式空气呼吸器

6. 进入有限空间时应佩带有效的通信工具，系安全绳。

7. 配备监护员和应急救援人员。

8. 严格安全管理，落实作业许可。

9. 冬季在用煤炉取暖的作业或休息地点，要采取通风措施，防止煤气中毒。

五、有限空间作业的定义、主要风险提示、管控措施

1. 有限空间作业定义与主要风险

(1)有限空间要同时满足4个条件：

①进出口有限或受到限制；

②人员可以进入内部作业；

③不是设计为长时间作业的空间；

④存在有毒有害、易燃易爆物质集聚或含氧量不足等危险有害因素。

(2)有限空间分类：

有限空间分为密闭或半密闭设备、地下有限空间和地上有限空间3类。

(3)有限空间作业存在的风险：

在有限空间实施的作业行为都称为有限空间作业，作业主要类型包括施工、维修、保养、清理等。有限空间作业存在着可能发生中毒、窒息、火灾爆炸、坠落、溺水、坍塌、触电、机械伤害、烫伤等事故风险，其中中毒、窒息、火灾爆炸事故较为常见。

2. 有限空间作业风险管控措施

(1)强化日常管理。一是制定并严格执行有限空间作业安全管理制度。存在有限空间作业的单位要建立有限空间作业安全管理制度，明确有限空间台账、安全培训教育、审批、现场安全管理、安全操作规程等方面的要求。二是全面辨识、摸清底数。各单位对本单位的有限空间进行辨识，确定有限空间数量、位置以及危害有害因素等基本情况，建立有限空间管理台账，并在有限空间处设置明显的安全警示标志。三是强化有限空间作业人员安全教育培训。各单位要强化有限空间作业人员的安全培训，特别是新职人员、劳务工、临时工、外包单位人员的培训。每次实施有限空间作业前，对参加作业的人员进行专项培训。

(2)做好作业前的风险辨识和评估。各单位有限空间作业前，第一，应当对作业环境进行评估，分析存在的危险有害因素，提出消除、控制危害的措施，制定有限空间作业方案、应急预案，并报经相关部门和人员批准。第二，要根据作业方案、应急预案的要求，备齐符合要求的通风、监测、防护、照明等安全防护设施和个人防护装备。第三，要按照作业方案，明确作业现场负责人、监护人员、作业人员、应急救援人员及其各自安全职责。第四，要对从事有限空间作业的现场负责人、监护人员、作业人员、应急救援人员进行专项安全培训，使其熟知作业方案和作业现场可

能存在的危险有害因素、防控措施等。

(3)按作业方案和操作规程开展作业。实施有限空间作业时应当严格按照作业方案进行。第一,采取可靠的隔断(隔离)措施,将可能危及作业安全的设施设备、存在有毒有害物质的空间与作业地点隔开,在醒目位置设置警示标识,杜绝无关人员随意出入。第二,严格遵守“先通风、在检测、后作业”的原则。在对有限空间采取通风措施后,对有限空间氧浓度、易燃易爆物质(可燃性气体、爆炸性粉尘)浓度、有毒有害气体浓度等指标进行检测,未经通风和检测合格,任何人员不得进入有限空间作业。检测的时间不得早于作业开始前 30 min。第三,作业过程中,应当保持空气流通,禁止采用纯氧通风换气。同时要对作业场所中的危险有害因素进行定时检测或者连续监测。作业中断超过 30 min,作业人员再次进入有限空间作业前,应当重新通风、检测合格后方可进入。发现通风设备停止运转、有限空间内氧含量浓度低于或者有毒有害气体浓度高于限值时,必须立即停止作业,清点作业人员,撤离作业现场。第四,作业人员必须正确佩戴和使用劳动防护用品,与外部有可靠的通信联络;监护人员不得离开作业现场,并与作业人员保持联系。

(4)作业完成后清理现场。顺利完成有限空间作业后,应清点人员及设备数量,确保有限空间内无人员及设备遗留后,关闭出入口。作业人员将全部作业设备和工具带离有限空间,解除作业区域封闭措施,撤离现场。

(5)有限空间作业事故的应急处置。在开展有限空间作业前,应做好应急准备。要根据作业特点,制定有针对性的应急预案,配备必要的应急救援器材,并加强预案演练,现场作业人员、管理人员要熟知预案内容和救援器材使用方法。一旦发生有限空间作业事故,现场有关人员应当立即向单位负责人报告,禁止盲目施救,防止事故后果扩大。有关负责人接到事故报告后,要立即启动应急预案,组织应急救援人员做好自身防护,佩戴必要的应急救援设备开展救援。在自身救援技术、装备、队伍无法施救的情况下,应及时联系消防救援队伍等专业救援单位开展救援。

3. 管控要求

各单位要提高对有限空间作业的认识,结合有限空间作业隐蔽性、反复性、突发性、规律性的特点,查找在有限空间作业方面管理上的漏洞。

(1)要落实相关法规标准的要求,提高有限空间作业安全意识,具备有限空间辨识和安全风险评估能力,按照制度和作业方案的要求做好作业前、作业中、作业后的各项工作,不折不扣地履行安全生产主体责任。

(2)完善有限空间作业相关制度和应急预案,消除对有限空间作业辨识存在的误区和有限空间安全警示不规范的问题。

(3)强化宣传教育。多渠道拓宽和提升有限空间作业安全宣教水平，下大力气提升有限空间作业人员安全风险意识，积极开展有限空间作业安全事故警示教育和有关安全知识培训。

(4)要加强有限空间作业的监督检查，对不落实有限空间作业要求的，严格依照相关规定追责。

第八节　防暑降温

高温天气可能导致从事户外作业人员中暑甚至死亡事件的发生，给作业人员身体健康和生命安全造成了严重损害，成为社会各界共同关注的重要问题。为加强高温作业和高温天气作业的劳动保护工作，防止因高温作业和高温天气作业引发的作业人员中暑和各类生产安全事故，维护劳动者健康及其相关权益。

一、铁路企业室外作业人员防暑降温措施

1. 铁路企业室外作业人员（所有工种）必须按规定穿戴防护用品；作业现场必须配足生活用水、清凉饮料、防暑药品（藿香正气水、十滴水、祛风油等）、灭蚊物品等，野外作业要携带蛇药。有条件的组织人员将西瓜、绿豆稀、防暑汤等防暑降温物资送到作业现场。

2. 根据国家有关职业卫生标准，入暑前组织完成“双高”作业人员的体检，防止员工因患有职业禁忌症而在生产过程导致人身伤亡事故。

3. 在连续高温期间，根据生产特点和具体条件，及时调整作息时间，避开和减少高温时段作业，严格控制加班加点，保证生产人员休息，适当减轻劳动强度。

4. 施工作业人员：因“天窗修”、紧急故障抢修等原因不能避开高温时段的作业和没有防暑降温设施作业场所作业时，要督促个人做好防护，有条件的要搭建简易凉棚和设置机械通风设备。

5. 机车乘务员：确保公寓、调车点、候班室、休息室、食堂等处所的防暑降温设施设备状态良好；做好备班楼空调的养护和维修，确保乘务员备班质量，保证班前休息好；配足生活用水、防暑药品（藿香正气水、十滴水、祛风油等）、蛇药。

6. 轨道车司乘人员：确保轨道车配备的空调、发电机正常运转；严格落实候班制度，重点抓好班前休息；配足生活用水、防暑药品（藿香正气水、十滴水、祛风油等）、蛇药。

7. 机务、车辆检修人员：确保休息室等处所的防暑降温设施设备状态良好；作业时要携带蛇药。

8. 调车作业人员：确保休息室、备班室等防暑降温设施设备状态良好；严格落实备班制度，重点抓好班前休息；作业时要携带蛇药。

9. 严禁员工私自下河塘游泳或洗澡，防止淹溺事故的发生。

10. 各单位要加强对防暑设备设施和防暑降温工作措施落实情况进行专项检查。

11. 积极改善施工和作业地点的生产生活环境。要认真落实施工或作业地点现场管理规定，积极采取措施，加强通风降温，确保施工及作业人员宿舍、食堂、厕所、淋浴间等临时设施满足防暑降温需要，并为施工及作业人员提供清凉饮料和常用防暑药品。尤其是施工现场的宿舍和食堂必须安装电扇，有条件的单位，应在宿舍安装空调。

12. 切实做好卫生防疫工作。要切实做好施工及作业现场及生活区的卫生防疫工作，加强对饮用水、食品的卫生管理，严格执行食品卫生制度，避免食品变质引发中毒事件；加强对夏季易发疾病的监控，现场作业人员发生法定传染病、食物中毒时，应及时向有关主管部门报告。

二、预防中暑相关措施

在酷热的环境中，当人体体温上升时，身体机能会自然地作出一些生理调节来降低体温，例如增加排汗和呼吸次数。可是，当环境温度过高，这些生理调节不能有效地控制体温时，当体温升至 41 ℃或以上时，会出现全身痉挛或昏迷等现象，称为中暑。此时，若不及时替患者降温及进行急救，便会有生命危险。

容易中暑人群：过胖人、儿童、长者、患病者，在高温、通风不良的环境下进行大运动量活动或剧烈运动的人群，也是易中暑的高危人群。

预防中暑的措施如下：

1. 经常留意气象台发出之天气警告，在炎热天气下应采取措施，以防中暑。

2. 在室内尽量打开窗户，利用风扇和空气调节以保持通风。

3. 避免在湿热的环境下作剧烈运动，应选择室内通风的场所进行。

4. 如要外出，可穿着浅色、宽松和通爽的衣物，戴上宽边帽子或伞以阻挡阳光直射及帮助散热。

5. 在酷热的天气下，不应作长程的登山或远足等活动。

6. 户外活动最好安排早上或黄昏后。

7. 应补充足够水分，以防脱水现象。

8. 避免喝含咖啡因和酒类等利尿饮品。

9. 不应留在停泊的车内。

10. 若有任何不适，应立即向医生求诊。

三、防暑降温相关规定

1. 认真贯彻落实国家颁布的《防暑降温措施管理办法》要求，切实加强对防暑降温工作的组织领导，完善、落实责任制，狠抓防范措施落实，防止因高温天气引发的作业人员中暑和各类生产安全事故。

2. 在高温天气期间，应当根据地市级以上气象主管部门所属气象台当日发布的预报气温，调整作业时间（因人身财产安全和公众利益需要紧急处理的除外），适当增加高温工作环境下劳动者的休息时间和减轻劳动强度、减少高温时段室外作业等措施。

（1）日最高气温达到 40 ℃以上，应当停止当日室外露天作业。

（2）日最高气温达到 37 ℃以上、40 ℃以下时，用人单位全天安排劳动者室外露天作业时间累计不得超过 6 h，连续作业时间不得超过国家规定，且在气温最高时段 3 h 内不得安排室外露天作业。

（3）日最高气温达到 35 ℃以上、37 ℃以下时，用人单位应当采取换班轮休等方式，缩短劳动者连续作业时间，并不得安排室外露天作业劳动者加班。

3. 制定高温中暑应急预案，定期进行应急救援的演习，并根据从事高温作业和高温天气作业的劳动者数量及作业条件等情况，配备应急救援人员和足量的急救药品。

4. 做好职业健康检查和职业病危害因素监测工作，对患有心、肺、脑血管性疾病、肺结核、中枢神经系统疾病及其他身体状况不适合高温作业的员工，应调离高温作业岗位或对其加强预防中暑保护措施。

5. 加强作业中的轮换休息。在夏季根据施工及作业的工艺过程，尽可能调整劳动组织，采取勤倒班的方式，缩短一次连续作业时间，加强工作中的轮换休息和现场巡查，加大防暑降温知识和中暑急救知识宣传，提高全员安全防范意识。

第九节　防寒过冬

铁路防寒工作的对象，主要是指铁路作业人员在冬季作业的人身安全和设备设施的防寒检查和整备。我国北方地区冬季时间较长,环境多变,气候条件恶劣,造成职工伤害的危险因素增多,保证作业人员防寒过冬是铁路冬季运输生产必须提前做好的一项工作。

防寒过冬安全一直是铁路企业生产中的重要工作。规章中对防寒工作有明确的要求:一是对有关人员进行防寒过冬培训,并按规定做好防寒劳动防护用品的配备和发放工作;二是对铁路技术设备进行防寒过冬检查、整修,并做好包扎管路等工作;三是做好易冻的设备、物资的防冻解冻工作;四是储备足够的防寒过冬材料、燃料和工具,检修好除冰雪机具和防雪设备,组织好除冰雪队伍。

一、冬季预防人身伤害准备的工作

1. 防寒过冬物资准备

(1)提前准备好防寒、防护用品,做到备足备齐,及时发放到每个职工手中,如防寒服、棉鞋、手套等。

(2)对所有的生产厂房和乘务员公寓、候班室、单身宿舍等工作休息的场所要提前做好整修,做到门窗玻璃防寒材料齐全合格,按规定揭挂保温门帘(被)等,达到保暖保温良好达标。

(3)对露天作业的吊车、登高作业扶梯、作业场照明灯桥、调车机车的脚踏板、机务整备场内的擦车台等登高作业处所要提前做好包扎防滑措施。

(4)对检车、调车、机车、客车等作业整备场所要保持场地平整,道路通畅,无积水结冰,照明良好充足,并按规定设置安全警示标志。

(5)对下雪后积雪和场地的积冰要及时组织采取清除措施,防止滑倒摔伤。

2. 防寒设备过冬前检查、整修要求

(1)批准使用煤火炉取暖处所(包括分室使用火炉取暖)要正确安装炉具和风斗,经有关部门验收合格,张贴合格证后方可点火使用。

(2)对常压热水、茶浴锅炉在入冬前,由单位的技术设备和安全部门组织进行全面的整修和验收。需安装、修理和改造时,有关安全技术资料和安装、修理施工方案必须经有关部门审核备案后方可施工。安装、修理和改造完毕后,必须经有关部门验收合格,特种设备检测中心检验合格,出具检验合格证书,并在锅炉房内揭挂检验合格证、安全操作规程,安全卡控措施与应急处理预案,安全管理制度后,方准点火使用。

(3)对室外安装的各种压力容器、压力管道要做好防寒保温和排水工作。

(4)对各工作场地、地沟、水井、风井坑、池等,添设坚固的防寒盖板。

二、冬季作业对人身安全的基本要求

根据冬季作业特点和作业规律,必须认真贯彻落实“安全第一、预防为主、综合治理”的方针,全体干部、职工冬季必须做到以下要求:

1. 冬季上班前有关要求

(1)上班前严禁饮酒,充分休息,保证工作时精力充沛、思想集中。

(2)工作前必须按规定穿戴好防护用品,防寒帽必须有耳孔且孔径不小于20 mm,禁止穿高跟鞋、塑料底鞋及带钉子鞋作业。

(3)作业前认真检查确认使用的工具、交接的设备状态良好,严禁使用不良机具,严格执行岗位责任制和交接班制度,认真听取工班长班前对生产计划安排以及对安全生产注意事项的布置要求,作业中要认真执行各种规章命令,团结协作,密切联系,不得臆测行事,不准玩笑打逗。

2. 冬季在站场上作业及行走时的安全要求

在站场上作业和行走时,禁止戴妨碍视觉、听觉的色镜、帽子或其他遮盖物,有冰冻时在鞋上绑扎草绳或穿其他防滑鞋具,以防滑倒摔伤;要随时注意来往的列车和机车车辆的移动,遇风、雪、雾天气更应特别注意邻线有无来往机车、车辆,要站在适当位置,防止被车上坠落物品、篷布、绳索等击伤,严禁走轨枕头、道心、轨面,严禁在车底下、车端部和站台边坐立、闲谈休息、避风雪。

3. 取暖时防止煤气中毒

(1)安装炉具烟筒时,炉灶周围要设炉挡、烟筒安装要顺安,不可逆向安装。

(2)取暖用炉具及安装必须合格,并须有检查合格证,方准使用。

(3)夜间值班有人住宿的房屋,使用炉火取暖者,必须安有风斗,无风斗的房屋不准人员住宿。

(4)必须按期清理烟筒、烟道,防止倒烟,严禁敞口取暖。

4. 冬季使用各种镐类应注意的安全事项

使用各种镐类起重时,起镐作业前,要整顿现场,清除积雪,打好止轮器,垫好木墩,重心要找准,地面必须坚固可靠,底座安放平稳牢固,镐体垂直,金属与金属接触部分要加防滑木垫,顶升高度不得超过全长的3/4(或安全线)。在一个起重物上同时使用多台镐时,每台镐的起重能力,不得小于其计算载荷的1.2倍,要由专人指挥,平衡起落,防止倾斜。在起重过程中,起重物尚未垫妥稳之前,操作人员不得离开岗位,身体任何部位不得伸入起重物下方。

三、冬季除冰雪作业

除雪、除冰工作是一项非正常工作,由于天气恶劣、作业时间不固定,给人身安全带来严重隐患，作业前，作业人员要根据除雪位置制定详细的安全措施，制定行走路线图、待避列车位置图。遇到易于溜滑的地段，应注意提高警惕，踏稳、踩牢，防止滑倒摔伤。除雪、除冰负责人负责除雪前的安全教育。

1. 遇有雪情预告，必须提前做好人员、用具、通信设备、防护用品等各项除雪准备工作。

2. 线路上除雪作业必须设置安全防护，现场设防护员、车站设驻站防护员，缺一不可。

3. 线路上除雪作业必须有组织、有防护，严禁单人除雪，现场除雪必须保证3人以上，必须设一名专职防护人员。特别是清除雪后道岔内残雪时，也必须严格按规定设置安全防护。

4. 除雪作业前，每一个小组必须明确负责人，必须指定专人担任安全防护工作；在站场道岔咽喉区多个作业组同时作业时，可在作业群体两端分别设置现场防护员，负责全体作业人员的安全防护。

5. 同小组的作业人员必须同出同回，并严格按照规定的路线图行走，作业期间不得单人离开作业小组。

6. 驻站防护员要先于现场作业人员到达车站行车室，在驻站防护期间要认真掌握列车通过和调车作业情况，并及时通知现场防护人员。

7. 现场防护员要按规定携带防护用具，与作业人员一同到达现场，并及时向驻站防护员报告作业位置，确认无车方可进行除雪作业；在防护期间要认真监听电台，接到来车报告后及时通知作业人员按规定距离下道避车。

8. 使用风力、内燃除雪机的作业小组，要绝对听从小组负责人或现场防护员的指挥，不得擅自上道作业。上道作业时，必须执行一人一机牵绳防护的规定，确保安全防护措施的有效落实。

9. 除雪作业人员必须按照规定着装，确保听觉、视觉不受影响。严禁穿戴连体帽或无听声孔防寒帽，防寒帽听声孔尺寸要符合标准并开放。禁止穿大帽钉鞋、塑料底鞋、高跟鞋及易滑鞋，防止发生人身伤害。

10. 除雪人员上下道，必须清点人数，必须向驻站防护员进行登销记。

第十节 职业健康

我国职业病防治工作坚持预防为主、防治结合的方针，建立用人单位负责、行政机关监管、行业自律、职工参与和社会监督的机制，实行分类管理、综合治理。为贯彻落实《中华人民共和国职业病防治法》的相关要求，保护劳动者健康，本节从铁路常见职业病类型，职业病危害因素的分类、识别，职业病的预防原则与预防措施，劳动者心理卫生健康等4个方面介绍职业病危害因素的防治相关知识。

我国职业病防治工作坚持预防为主、防治结合的方针，建立用人单位负责、行政机关监管、行业自律、职工参与和社会监督的机制，实行分类管理、综合治理。为贯彻落实《中华人民共和国职业病防治法》的相关要求，保护劳动者健康，本章从铁路常见职业病类型，职业病危害因素的分类、识别，职业病的预防原则与预防措施，劳动者心理卫生健康等4个方面介绍职业病危害因素的防治相关知识。

一、职业性疲劳的阶段划分

职业性疲劳划分为三种阶段。

1. 第一阶段上，疲劳表现为精神不振、困倦、打盹等。这时仍能够在提高工作兴趣的情况下，用意志力量控制自己以保持原有的工作水平。当然，如果硬性地在这种疲劳状态下长时间坚持工作，将会引起“疲劳暴发”。

2. 第二阶段的疲劳表现为准确性下降，工作中错误率提高，但工作速度往往仍然可以维持原有的水平。这时的准确性下降无法用意志力和加强外部刺激的办法得以改善。

3. 第三阶段的疲劳是一种极度的疲劳体验。如果说前两种疲劳只是一种保护性反应，那么第三种疲劳就已经告诉我们：身心已经受到伤害。在这种过度疲劳情况下，工作能力急速下降，人们会体验到无法继续工作下去，对工作毫无兴趣，甚至厌倦、憎恨，有的人可以进入歇斯底里状态。

二、避免心理异常发生的方法

1. 倾诉倾倒心理垃圾。心理垃圾在心里积存太久会毒化你的心灵，而牢骚、苦闷、悔恨、怨气、委屈或者愤怒的时候，倾诉就是倒垃圾。因此要学着不沉溺于自己的苦难，做自己的心灵清洁师，只要有勇气敞开心扉，并选择安全的听友，如你的亲友或者心理专家，倾诉会使你受益良多。

2. 转移注意力。过分紧张焦虑，会削弱行为能力，而缺乏有效的行为，又会加重紧张焦虑。因此在紧张不安的时候，可以列一张表：在目前的情势之下可以做些什么？然后按轻重缓急将它们排一个顺序，立足一个最主要的目标，着手实施，使自己的全部注意力转移到目标上去。

3. 学会宽容。不要苛求别人，也不为难自己。一般而言，一个人对别人的好不会超过对他自己，这就是人性，超越它是伟大的，遵从它也不该受到责难。较低的期待几乎总是能得到较多的快乐。

4. 常怀感恩之心。感恩父母给予我们生命；感谢家庭给我们幸福；感恩老师教授我们知识；感谢朋友给我们友谊；感谢企业给我们发展平台；感谢陌生人给我们的帮助。常怀感恩之心才能看到社会美好的一面，才能更加积极乐观地工作和生活。

5. 互相帮助。社会支持系统是生活的缓冲垫，人活在社会中，要学着去帮助他人。因为帮助他人可能使你忘却痛苦、增进友谊。也要给他人帮助自己的机会，帮你在困难的时候渡过难关。

6. 学会等待。伤心、痛而是暂时的，在走厄运时，要耐心等待转机出现；让时间把伤痛愈合；在冲动时，要等待理性恢复，避免在冲动时做出决策；也要在等待中积累充实资源，做到厚积而薄发。

7. 懂得妥协。人要懂得妥协，妥协后会发现，人生并不是只有这一条路可以走。

8. 抛开心理包袱。人要有所为有所不为，有所舍才能有所得，所以要专注于最重要且紧迫的事物。也要知道让他人分担你，是给他人成长的机会。掌握三种智慧，懂得什么时候应坚守，什么时候应放弃自己，什么时候应撤离战场。

9. 拓展心理空间。过分专注于繁杂的事务会使内心过于拥挤，健康的心灵需要有自由的空间。不妨培养点自己的爱好：运动、音乐、书法、旅行等，用心地体验亲情、友情与爱情；左右事情而不要被事情所左右。

第十一节　铁路行业规章

一、《铁路技术管理规程》有关人身安全规定

《铁路技术管理规程》是铁路技术管理的基本规章，铁路的其他规章和规范性文件以及各部门、各单位制定的技术管理文件等，都必须符合《铁路技术管理规程》的规定。

《铁路技术管理规程》要求铁路职工必须严格遵守和执行本规程的规定，在自己的职务范围内，以对国家和人民极端负责的态度，保证安全生产。特别要求铁路行车有关人员，接班前须充分休息，严禁饮酒；在执行职务时，必须坚守岗位，穿着规定的服装，佩戴易于识别的证章或携带相应的证件，讲普通话。

二、铁路运输系统作业人员劳动安全关键点

1. 通用控制措施

(1)行车、特种作业人员，机械设备、工具操作人员，须经专业安全技术培训考

试合格后，方准持证上岗。

(2)作业中必须按规定着装、佩戴防护用品和正确使用防护用具，严格执行安全技术操作规程。

(3)横越线路时，必须做到“一站、二看、三通过”，严禁抢越、钻车或穿越两车间隙，严禁在道心或轨枕头上行走，严禁扒乘机车车辆以车代步。

(4)上道检修人员应配备自动报警或通信联络工具，在设有来车报警设备的区段作业时，应按规定使用报警设备。接到来车通知后，必须停止作业，迅速撤离到安全地带待避车辆。

(5)电气化区段作业人员除落实上述措施外，还应严格执行《电气化铁路有关人员电气化安全规则》。

2. 一般安全知识

(1)除专业人员按规定作业外，任何人及所携带的物件、作业工器具、机械设备等须与牵引供电设备高压带电部分保持 2 m 以上的距离，与回流线、架空地线、保护线保持 1 m 以上的距离。

(2)电化区段所有接触网支柱、防护栅网上均设有“高压危险”警示标志，不准在支柱、防护栅网上搭挂衣物、攀登或在支柱旁休息。

(3)在电气化区段作业遇雷雨时，作业人员应迅速放下手中的金属器具，不要在大树下、电杆(支柱)旁和涵洞内躲避。

(4)发现牵引供电设备断线时，应立即通知附近的接触网工区或电力调度，并保持 10 m 以上的距离。如发现已进入断线落点 10 m 范围内时，为避免有跨步电压危险，应单足或并双足跳离危险区。

3. 作业禁止事项

(1)在电气化区段内，禁止任何人攀登到车顶或车辆装载的货物上。

(2)电化区段所有接触网支柱上均设有“高压危险”警示标志，禁止借助接触网支柱搭设脚手架。

(3)电气化区段上水、保洁、施工等作业，不得将水管向供电线路方向喷射，站车保洁不得采用向车体上部喷水方式洗刷车体(因为水柱能导电)。

(4)牵引供电设备故障时，禁止与支柱、接地引下线、综合接地线接触，并保持安全距离。

4. 消防安全知识

(1)作业人员发现电气化铁路附近发生火灾时，必须立即通知列车调度员、电力调度员或接触网工区值班人员。

(2)距牵引供电设备带电部分不足 4 m 的燃着物体,用水或灭火器灭火时,牵引供电设备必须停电。

(3)距牵引供电设备带电部分超过 2 m 的燃着物体,使用沙土灭火时,牵引供电设备可不停电,但须保持灭火机具及沙土等与带电部分的距离在 2 m 以上。

第十二节　安全标志

一、安全标志

安全标志分类(6 类):禁止标志、警告标志、指令标志、提示标志、提示标志的方向辅助标志、文字辅助标志。常见安全标志如图 1-4 所示。

图 1-4　常见安全标志

二、安全色

安全色包括红、蓝、黄、绿 4 种颜色,对比色包括黑、白两种颜色。

1. 红色:传递禁止、停止、危险或提示消防设备、设施的信息。
2. 蓝色:传递必须遵守的指令性信息。
3. 黄色:传递注意、警告的信息。
4. 绿色:传递安全的提示性信息。
5. 黑色:用于安全标志、图形符号和警告标志的几何边框。
6. 白色:用于安全标志的文字、图形符号和警告标志的几何边框。

三、劳动防护用品分类

头部防护、呼吸器官防护、眼面部防护、听觉器官防护、手部防护、足部防护、躯干防护、护肤、其他劳动防护。

复习思考题

1. 机车车辆伤害事故按其造成伤害主要因素可分为哪几种？
2. 机车车辆伤害事故致因因素包括哪四方面因素？
3. 事故致因因素中人的因素不安全行为有哪些？
4. 人体触电方式有哪几种？
5. 带电作业安全有哪些安全规定？
6. 高处坠落事故大体可分为哪几种？
7. 高处作业有哪些安全要求？
8. 起重机作业过程中有哪些安全事项？
9. 吊运物品“三不越过”是什么？
10. 预防物体打击作业人员安全防护有哪些要求？
11. 防止机械伤害“一禁、二必须、三定、四不准”的安全规定是什么？
12. 使用砂轮机有哪些安全要求？
13. 什么是火灾普遍性？
14. 储压式干粉灭火器如何使用？
15. 毒害品按国际上比较普遍采用的分类法可分为哪6种？
16. 有毒有害场所作业中预防中毒的措施有哪些规定？
17. 中暑有哪些人体反应？
18. 预防中暑有哪些措施？
19. 冬季上班前有哪些要求？
20. 冬季在站场上作业及行走时有哪些安全要求？
21. 避免心理异常发生有哪些方法？
22. 横越线路时有何规定？
23. 电气化区段内作业禁止事项有哪些？
24. 安全标志有哪些分类？
25. 劳动防护用品有哪些分类？

第二章
法律法规

知识目标

本章针对铁路生产有关的法律法规，根据《中华人民共和国刑法》《中华人民共和国安全生产法》《中华人民共和国行政许可法》《中华人民共和国噪声污染防治法》《中华人民共和国铁路法》《铁路安全管理条例》《违反〈铁路安全管理条例〉行政处罚实施办法》《铁路机车车辆驾驶人员资格许可办法》相关条款逐一进行阐述，使“2+1”学员通过学习，能够系统地掌握生产作业中存在的风险以及防控措施的相关要求。

能力目标

了解并遵守这些法律法规，能够维护自己的合法权益，自觉关注安全，重视安全，提高自我的防范能力。

素质目标

提高劳动者的安全意识，培养安全文化素养，主动遵守安全规定，预防事故发生。

第一节 《中华人民共和国安全生产法》（节录）

第一条 为了加强安全生产工作，防止和减少生产安全事故，保障人民群众生命和财产安全，促进经济社会持续健康发展，制定本法。

第六条 生产经营单位的从业人员有依法获得安全生产保障的权利，并应当依法履行安全生产方面的义务。

第十条 国务院应急管理部门依照本法，对全国安全生产工作实施综合监督管理;县级以上地方各级人民政府应急管理部门依照本法,对本行政区域内安全生产工作实施综合监督管理。

国务院交通运输、住房和城乡建设、水利、民航等有关部门依照本法和其他有关法律、行政法规的规定,在各自的职责范围内对有关行业、领域的安全生产工作实施监督管理;县级以上地方各级人民政府有关部门依照本法和其他有关法律、法规的规定,在各自的职责范围内对有关行业、领域的安全生产工作实施监督管理。对新兴行业、领域的安全生产监督管理职责不明确的,由县级以上地方各级人民政府按照业务相近的原则确定监督管理部门。

应急管理部门和对有关行业、领域的安全生产工作实施监督管理的部门,统称负有安全生产监督管理职责的部门。负有安全生产监督管理职责的部门应当相互配合、齐抓共管、信息共享、资源共用,依法加强安全生产监督管理工作。

第十六条 国家实行生产安全事故责任追究制度,依照本法和有关法律、法规的规定,追究生产安全事故责任单位和责任人员的法律责任。

第二十八条 生产经营单位应当对从业人员进行安全生产教育和培训,保证从业人员具备必要的安全生产知识,熟悉有关的安全生产规章制度和安全操作规程,掌握本岗位的安全操作技能,了解事故应急处理措施,知悉自身在安全生产方面的权利和义务。未经安全生产教育和培训合格的从业人员,不得上岗作业。

生产经营单位使用被派遣劳动者的,应当将被派遣劳动者纳入本单位从业人员统一管理,对被派遣劳动者进行岗位安全操作规程和安全操作技能的教育和培训。劳务派遣单位应当对被派遣劳动者进行必要的安全生产教育和培训。

生产经营单位接收中等职业学校、高等学校学生实习的,应当对实习学生进行相应的安全生产教育和培训,提供必要的劳动防护用品。学校应当协助生产经营单位对实习学生进行安全生产教育和培训。

生产经营单位应当建立安全生产教育和培训档案,如实记录安全生产教育和培训的时间、内容、参加人员以及考核结果等情况。

第二十九条 生产经营单位采用新工艺、新技术、新材料或者使用新设备,必须了解、掌握其安全技术特性,采取有效的安全防护措施,并对从业人员进行专门的安全生产教育和培训。

第四十四条 生产经营单位应当教育和督促从业人员严格执行本单位的安全生产规章制度和安全操作规程;并向从业人员如实告知作业场所和工作岗位存在的危险因素、防范措施以及事故应急措施。

生产经营单位应当关注从业人员的身体、心理状况和行为习惯,加强对从业人员的心理疏导、精神慰藉，严格落实岗位安全生产责任，防范从业人员行为异常导致事故发生。

第四十五条　生产经营单位必须为从业人员提供符合国家标准或者行业标准的劳动防护用品，并监督、教育从业人员按照使用规则佩戴、使用。

第四十八条　两个以上生产经营单位在同一作业区域内进行生产经营活动，可能危及对方生产安全的，应当签订安全生产管理协议，明确各自的安全生产管理职责和应当采取的安全措施，并指定专职安全生产管理人员进行安全检查与协调。

第五十三条　生产经营单位的从业人员有权了解其作业场所和工作岗位存在的危险因素、防范措施及事故应急措施，有权对本单位的安全生产工作提出建议。

第五十四条　从业人员有权对本单位安全生产工作中存在的问题提出批评、检举、控告；有权拒绝违章指挥和强令冒险作业。

生产经营单位不得因从业人员对本单位安全生产工作提出批评、检举、控告或者拒绝违章指挥、强令冒险作业而降低其工资、福利等待遇或者解除与其订立的劳动合同。

第五十七条　从业人员在作业过程中，应当严格落实岗位安全责任，遵守本单位的安全生产规章制度和操作规程，服从管理，正确佩戴和使用劳动防护用品。

第五十八条　从业人员应当接受安全生产教育和培训，掌握本职工作所需的安全生产知识，提高安全生产技能，增强事故预防和应急处理能力。

第五十九条　从业人员发现事故隐患或者其他不安全因素，应当立即向现场安全生产管理人员或者本单位负责人报告；接到报告的人员应当及时予以处理。

第六十五条　应急管理部门和其他负有安全生产监督管理职责的部门依法开展安全生产行政执法工作，对生产经营单位执行有关安全生产的法律、法规和国家标准或者行业标准的情况进行监督检查，行使以下职权：

（一）进入生产经营单位进行检查，调阅有关资料，向有关单位和人员了解情况；

（二）对检查中发现的安全生产违法行为，当场予以纠正或者要求限期改正；对依法应当给予行政处罚的行为，依照本法和其他有关法律、行政法规的规定作出行政处罚决定；

（三）对检查中发现的事故隐患，应当责令立即排除；重大事故隐患排除前或者排除过程中无法保证安全的，应当责令从危险区域内撤出作业人员，责令暂时停产停业或者停止使用相关设施、设备；重大事故隐患排除后，经审查同意，方可恢复生产经营和使用；

（四）对有根据认为不符合保障安全生产的国家标准或者行业标准的设施、设备、器材以及违法生产、储存、使用、经营、运输的危险物品予以查封或者扣押，对违法生产、储存、使用、经营危险物品的作业场所予以查封，并依法作出处理决定。

监督检查不得影响被检查单位的正常生产经营活动。

第七十四条　任何单位或者个人对事故隐患或者安全生产违法行为，均有权向负有安全生产监督管理职责的部门报告或者举报。

因安全生产违法行为造成重大事故隐患或者导致重大事故，致使国家利益或者社会公共利益受到侵害的，人民检察院可以根据民事诉讼法、行政诉讼法的相关规定提起公益诉讼。

第九十七条　生产经营单位有下列行为之一的，责令限期改正，处十万元以下的罚款；逾期未改正的，责令停产停业整顿，并处十万元以上二十万元以下的罚款，对其直接负责的主管人员和其他直接责任人员处二万元以上五万元以下的罚款：

（一）未按照规定设置安全生产管理机构或者配备安全生产管理人员、注册安全工程师的；

（二）危险物品的生产、经营、储存、装卸单位以及矿山、金属冶炼、建筑施工、运输单位的主要负责人和安全生产管理人员未按照规定经考核合格的；

（三）未按照规定对从业人员、被派遣劳动者、实习学生进行安全生产教育和培训，或者未按照规定如实告知有关的安全生产事项的；

（四）未如实记录安全生产教育和培训情况的；

（五）未将事故隐患排查治理情况如实记录或者未向从业人员通报的；

（六）未按照规定制定生产安全事故应急救援预案或者未定期组织演练的；

（七）特种作业人员未按照规定经专门的安全作业培训并取得相应资格，上岗作业的。

第一百零六条　生产经营单位与从业人员订立协议，免除或者减轻其对从业人员因生产安全事故伤亡依法应承担的责任的，该协议无效；对生产经营单位的主要负责人、个人经营的投资人处二万元以上十万元以下的罚款。

第一百零七条　生产经营单位的从业人员不落实岗位安全责任，不服从管理，违反安全生产规章制度或者操作规程的，由生产经营单位给予批评教育，依照有关规章制度给予处分；构成犯罪的，依照刑法有关规定追究刑事责任。

第二节 《中华人民共和国行政许可法》(节录)

第一条 为了规范行政许可的设定和实施,保护公民、法人和其他组织的合法权益,维护公共利益和社会秩序,保障和监督行政机关有效实施行政管理,根据宪法,制定本法。

第九条 依法取得的行政许可,除法律、法规规定依照法定条件和程序可以转让的外,不得转让。

第十二条 下列事项可以设定行政许可:

(一)直接涉及国家安全、公共安全、经济宏观调控、生态环境保护以及直接关系人身健康、生命财产安全等特定活动,需要按照法定条件予以批准的事项;

(二)有限自然资源开发利用、公共资源配置以及直接关系公共利益的特定行业的市场准入等,需要赋予特定权利的事项;

(三)提供公众服务并且直接关系公共利益的职业、行业,需要确定具备特殊信誉、特殊条件或者特殊技能等资格、资质的事项;

(四)直接关系公共安全、人身健康、生命财产安全的重要设备、设施、产品、物品,需要按照技术标准、技术规范,通过检验、检测、检疫等方式进行审定的事项;

(五)企业或者其他组织的设立等,需要确定主体资格的事项;

(六)法律、行政法规规定可以设定行政许可的其他事项。

第六十五条 个人和组织发现违法从事行政许可事项的活动,有权向行政机关举报,行政机关应当及时核实、处理。

第六十九条 有下列情形之一的,作出行政许可决定的行政机关或者其上级行政机关,根据利害关系人的请求或者依据职权,可以撤销行政许可:

(一)行政机关工作人员滥用职权、玩忽职守作出准予行政许可决定的;

(二)超越法定职权作出准予行政许可决定的;

(三)违反法定程序作出准予行政许可决定的;

(四)对不具备申请资格或者不符合法定条件的申请人准予行政许可的;

(五)依法可以撤销行政许可的其他情形。

被许可人以欺骗、贿赂等不正当手段取得行政许可的,应当予以撤销。

依照前两款的规定撤销行政许可,可能对公共利益造成重大损害的,不予撤销。

依照本条第一款的规定撤销行政许可,被许可人的合法权益受到损害的,行政机关应当依法给予赔偿。依照本条第二款的规定撤销行政许可的，被许可人基于行政许可取得的利益不受保护。

第七十条 有下列情形之一的，行政机关应当依法办理有关行政许可的注销手续：

（一）行政许可有效期届满未延续的；

（二）赋予公民特定资格的行政许可，该公民死亡或者丧失行为能力的；

（三）法人或者其他组织依法终止的；

（四）行政许可依法被撤销、撤回，或者行政许可证件依法被吊销的；

（五）因不可抗力导致行政许可事项无法实施的；

（六）法律、法规规定的应当注销行政许可的其他情形。

第七十八条 行政许可申请人隐瞒有关情况或者提供虚假材料申请行政许可的，行政机关不予受理或者不予行政许可，并给予警告；行政许可申请属于直接关系公共安全、人身健康、生命财产安全事项的，申请人在一年内不得再次申请该行政许可。

第七十九条 被许可人以欺骗、贿赂等不正当手段取得行政许可的，行政机关应当依法给予行政处罚；取得的行政许可属于直接关系公共安全、人身健康、生命财产安全事项的，申请人在三年内不得再次申请该行政许可；构成犯罪的，依法追究刑事责任。

第八十条 被许可人有下列行为之一的，行政机关应当依法给予行政处罚；构成犯罪的，依法追究刑事责任：

（一）涂改、倒卖、出租、出借行政许可证件，或者以其他形式非法转让行政许可的；

（二）超越行政许可范围进行活动的；

（三）向负责监督检查的行政机关隐瞒有关情况、提供虚假材料或者拒绝提供反映其活动情况的真实材料的；

（四）法律、法规、规章规定的其他违法行为。

第八十一条 公民、法人或者其他组织未经行政许可，擅自从事依法应当取得行政许可的活动的，行政机关应当依法采取措施予以制止，并依法给予行政处罚；构成犯罪的，依法追究刑事责任。

第三节 《中华人民共和国噪声污染防治法》（节录）

第一条 为了防治噪声污染，保障公众健康，保护和改善生活环境，维护社会和谐，推进生态文明建设，促进经济社会可持续发展，制定本法。

第八条　国务院生态环境主管部门对全国噪声污染防治实施统一监督管理。

地方人民政府生态环境主管部门对本行政区域噪声污染防治实施统一监督管理。

各级住房和城乡建设、公安、交通运输、铁路监督管理、民用航空、海事等部门，在各自职责范围内，对建筑施工、交通运输和社会生活噪声污染防治实施监督管理。

基层群众性自治组织应当协助地方人民政府及其有关部门做好噪声污染防治工作。

第九条　任何单位和个人都有保护声环境的义务，同时依法享有获取声环境信息、参与和监督噪声污染防治的权利。

排放噪声的单位和个人应当采取有效措施，防止、减轻噪声污染。

第四十四条　本法所称交通运输噪声，是指机动车、铁路机车车辆、城市轨道交通车辆、机动船舶、航空器等交通运输工具在运行时产生的干扰周围生活环境的声音。

第四十八条　机动车、铁路机车车辆、城市轨道交通车辆、机动船舶等交通运输工具运行时，应当按照规定使用喇叭等声响装置。

警车、消防救援车、工程救险车、救护车等机动车安装、使用警报器，应当符合国务院公安等部门的规定；非执行紧急任务，不得使用警报器。

第五十一条　公路养护管理单位、城市道路养护维修单位应当加强对公路、城市道路的维护和保养，保持减少振动、降低噪声设施正常运行。

城市轨道交通运营单位、铁路运输企业应当加强对城市轨道交通线路和城市轨道交通车辆、铁路线路和铁路机车车辆的维护和保养，保持减少振动、降低噪声设施正常运行，并按照国家规定进行监测，保存原始监测记录，对监测数据的真实性和准确性负责。

第五十六条　因铁路运行排放噪声造成严重污染的，铁路运输企业和设区的市、县级人民政府应当对噪声污染情况进行调查，制定噪声污染综合治理方案。

铁路运输企业和设区的市、县级人民政府有关部门和其他有关单位应当按照噪声污染综合治理方案的要求采取有效措施，减轻噪声污染。

第七十九条　违反本法规定，驾驶拆除或者损坏消声器、加装排气管等擅自改装的机动车轰鸣、疾驶，机动车运行时未按照规定使用声响装置，或者违反禁止机动车行驶和使用声响装置的路段和时间规定的，由县级以上地方人民政府公安机关交通管理部门依照有关道路交通安全的法律法规处罚。

违反本法规定，铁路机车车辆、城市轨道交通车辆、机动船舶等交通运输工具运行时未按照规定使用声响装置的，由交通运输、铁路监督管理、海事等部门或者地方人民政府指定的城市轨道交通有关部门按照职责责令改正，处五千元以上一万元以下的罚款。

第八十条 违反本法规定，有下列行为之一，由交通运输、铁路监督管理、民用航空等部门或者地方人民政府指定的城市道路、城市轨道交通有关部门，按照职责责令改正，处五千元以上五万元以下的罚款；拒不改正的，处五万元以上二十万元以下的罚款：

（一）公路养护管理单位、城市道路养护维修单位、城市轨道交通运营单位、铁路运输企业未履行维护和保养义务，未保持减少振动、降低噪声设施正常运行的；

（二）城市轨道交通运营单位、铁路运输企业未按照国家规定进行监测，或者未保存原始监测记录的；

（三）民用机场管理机构、航空运输企业、通用航空企业未采取措施防止、减轻民用航空器噪声污染的；

（四）民用机场管理机构未按照国家规定对机场周围民用航空器噪声进行监测，未保存原始监测记录，或者监测结果未定期报送的。

第四节 《中华人民共和国铁路法》（节录）

第一条 为了保障铁路运输和铁路建设的顺利进行，适应社会主义现代化建设和人民生活的需要，制定本法。

第二条 本法所称铁路，包括国家铁路、地方铁路、专用铁路和铁路专用线。

国家铁路是指由国务院铁路主管部门管理的铁路。

地方铁路是指由地方人民政府管理的铁路。

专用铁路是指由企业或者其他单位管理，专为本企业或者本单位内部提供运输服务的铁路。

铁路专用线是指由企业或者其他单位管理的与国家铁路或者其他铁路线路接轨的岔线。

第三条 国务院铁路主管部门主管全国铁路工作，对国家铁路实行高度集中、统一指挥的运输管理体制，对地方铁路、专用铁路和铁路专用线进行指导、协调、监督和帮助。

国家铁路运输企业行使法律、行政法规授予的行政管理职能。

第四条　国家重点发展国家铁路，大力扶持地方铁路的发展。

第五条　铁路运输企业必须坚持社会主义经营方向和为人民服务的宗旨，改善经营管理，切实改进路风，提高运输服务质量。

第六条　公民有爱护铁路设施的义务。禁止任何人破坏铁路设施，扰乱铁路运输的正常秩序。

第七条　铁路沿线各级地方人民政府应当协助铁路运输企业保证铁路运输安全畅通，车站、列车秩序良好，铁路设施完好和铁路建设顺利进行。

第八条　国家铁路的技术管理规程，由国务院铁路主管部门制定，地方铁路、专用铁路的技术管理办法，参照国家铁路的技术管理规程制定。

第九条　国家鼓励铁路科学技术研究，提高铁路科学技术水平。对在铁路科学技术研究中有显著成绩的单位和个人给予奖励。

第十条　铁路运输企业应当保证旅客和货物运输的安全，做到列车正点到达。

第十一条　铁路运输合同是明确铁路运输企业与旅客、托运人之间权利义务关系的协议。

旅客车票、行李票、包裹票和货物运单是合同或者合同的组成部分。

第十二条　铁路运输企业应当保证旅客按车票载明的日期、车次乘车，并到达目的站。因铁路运输企业的责任造成旅客不能按车票载明的日期、车次乘车的，铁路运输企业应当按照旅客的要求，退还全部票款或者安排改乘到达相同目的站的其他列车。

第十三条　铁路运输企业应当采取有效措施做好旅客运输服务工作，做到文明礼貌、热情周到，保持车站和车厢内的清洁卫生，提供饮用开水，做好列车上的饮食供应工作。

铁路运输企业应当采取措施，防止对铁路沿线环境的污染。

第十四条　旅客乘车应当持有效车票。对无票乘车或者持失效车票乘车的，应当补收票款，并按照规定加收票款；拒不交付的，铁路运输企业可以责令下车。

第十五条　国家铁路和地方铁路根据发展生产、搞活流通的原则，安排货物运输计划。

对抢险救灾物资和国家规定需要优先运输的其他物资，应予优先运输。

地方铁路运输的物资需要经由国家铁路运输的，其运输计划应当纳入国家铁路的运输计划。

第十六条　铁路运输企业应当按照合同约定的期限或者国务院铁路主管部门

规定的期限，将货物、包裹、行李运到目的站；逾期运到的，铁路运输企业应当支付违约金。

铁路运输企业逾期三十日仍未将货物、包裹、行李交付收货人或者旅客的，托运人、收货人或者旅客有权按货物、包裹、行李灭失向铁路运输企业要求赔偿。

第十七条 铁路运输企业应当对承运的货物、包裹、行李自接受承运时起到交付时止发生的灭失、短少、变质、污染或者损坏，承担赔偿责任：

（一）托运人或者旅客根据自愿申请办理保价运输的，按照实际损失赔偿，但最高不超过保价额。

（二）未按保价运输承运的，按照实际损失赔偿，但最高不超过国务院铁路主管部门规定的赔偿限额；如果损失是由于铁路运输企业的故意或者重大过失造成的，不适用赔偿限额的规定，按照实际损失赔偿。

托运人或者旅客根据自愿可以向保险公司办理货物运输保险，保险公司按照保险合同的约定承担赔偿责任。

托运人或者旅客根据自愿，可以办理保价运输，也可以办理货物运输保险；还可以既不办理保价运输，也不办理货物运输保险。不得以任何方式强迫办理保价运输或者货物运输保险。

第十八条 由于下列原因造成的货物、包裹、行李损失的，铁路运输企业不承担赔偿责任：

（一）不可抗力。

（二）货物或者包裹、行李中的物品本身的自然属性，或者合理损耗。

（三）托运人、收货人或者旅客的过错。

第十九条 托运人应当如实填报托运单，铁路运输企业有权对填报的货物和包裹的品名、重量、数量进行检查。经检查，申报与实际不符的，检查费用由托运人承担；申报与实际相符的，检查费用由铁路运输企业承担，因检查对货物和包裹中的物品造成的损坏由铁路运输企业赔偿。

托运人因申报不实而少交的运费和其他费用应当补交，铁路运输企业按照国务院铁路主管部门的规定加收运费和其他费用。

第二十条 托运货物需要包装的，托运人应当按照国家包装标准或者行业包装标准包装；没有国家包装标准或者行业包装标准的，应当妥善包装，使货物在运输途中不因包装原因而受损坏。

铁路运输企业对承运的容易腐烂变质的货物和活动物，应当按照国务院铁路主管部门的规定和合同的约定，采取有效的保护措施。

第二十一条 货物、包裹、行李到站后,收货人或者旅客应当按照国务院铁路主管部门规定的期限及时领取,并支付托运人未付或者少付的运费和其他费用;逾期领取的,收货人或者旅客应当按照规定交付保管费。

第二十二条 自铁路运输企业发出领取货物通知之日起满三十日仍无人领取的货物,或者收货人书面通知铁路运输企业拒绝领取的货物,铁路运输企业应当通知托运人,托运人自接到通知之日起满三十日未作答复的,由铁路运输企业变卖;所得价款在扣除保管等费用后尚有余款的,应当退还托运人,无法退还、自变卖之日起一百八十日内托运人又未领回的,上缴国库。

自铁路运输企业发出领取通知之日起满九十日仍无人领取的包裹或者到站后满九十日仍无人领取的行李,铁路运输企业应当公告,公告满九十日仍无人领取的,可以变卖;所得价款在扣除保管等费用后尚有余款的,托运人、收货人或者旅客可以自变卖之日起一百八十日内领回,逾期不领回的,上缴国库。

对危险物品和规定限制运输的物品,应当移交公安机关或者有关部门处理,不得自行变卖。

对不宜长期保存的物品,可以按照国务院铁路主管部门的规定缩短处理期限。

第二十三条 因旅客、托运人或者收货人的责任给铁路运输企业造成财产损失的,由旅客、托运人或者收货人承担赔偿责任。

第二十四条 国家鼓励专用铁路兼办公共旅客、货物运输营业;提倡铁路专用线与有关单位按照协议共用。

专用铁路兼办公共旅客、货物运输营业的,应当报经省、自治区、直辖市人民政府批准。

专用铁路兼办公共旅客、货物运输营业的,适用本法关于铁路运输企业的规定。

第二十五条 铁路的旅客票价率和货物、行李的运价率实行政府指导价或者政府定价,竞争性领域实行市场调节价。政府指导价、政府定价的定价权限和具体适用范围以中央政府和地方政府的定价目录为依据。铁路旅客、货物运输杂费的收费项目和收费标准,以及铁路包裹运价率由铁路运输企业自主制定。

第二十六条 铁路的旅客票价,货物、包裹、行李的运价,旅客和货物运输杂费的收费项目和收费标准,必须公告;未公告的不得实施。

第二十七条 国家铁路、地方铁路和专用铁路印制使用的旅客、货物运输票证,禁止伪造和变造。

禁止倒卖旅客车票和其他铁路运输票证。

第二十八条 托运、承运货物、包裹、行李，必须遵守国家关于禁止或者限制运输物品的规定。

第二十九条 铁路运输企业与公路、航空或者水上运输企业相互间实行国内旅客、货物联运，依照国家有关规定办理；国家没有规定的，依照有关各方的协议办理。

第三十条 国家铁路、地方铁路参加国际联运，必须经国务院批准。

第三十一条 铁路军事运输依照国家有关规定办理。

第三十二条 发生铁路运输合同争议的，铁路运输企业和托运人、收货人或者旅客可以通过调解解决；不愿意调解解决或者调解不成的，可以依据合同中的仲裁条款或者事后达成的书面仲裁协议，向国家规定的仲裁机构申请仲裁。

当事人一方在规定的期限内不履行仲裁机构的仲裁决定的，另一方可以申请人民法院强制执行。

当事人没有在合同中订立仲裁条款，事后又没有达成书面仲裁协议的，可以向人民法院起诉。

第三十三条 铁路发展规划应当依据国民经济和社会发展以及国防建设的需要制定，并与其他方式的交通运输发展规划相协调。

第三十四条 地方铁路、专用铁路、铁路专用线的建设计划必须符合全国铁路发展规划，并征得国务院铁路主管部门或者国务院铁路主管部门授权的机构的同意。

第三十五条 在城市规划区范围内，铁路的线路、车站、枢纽以及其他有关设施的规划，应当纳入所在城市的总体规划。

铁路建设用地规划，应当纳入土地利用总体规划。为远期扩建、新建铁路需要的土地，由县级以上人民政府在土地利用总体规划中安排。

第三十六条 铁路建设用地，依照有关法律、行政法规的规定办理。

有关地方人民政府应当支持铁路建设，协助铁路运输企业做好铁路建设征收土地工作和拆迁安置工作。

第三十七条 已经取得使用权的铁路建设用地，应当依照批准的用途使用，不得擅自改作他用；其他单位或者个人不得侵占。

侵占铁路建设用地的，由县级以上地方人民政府土地管理部门责令停止侵占、赔偿损失。

第三十八条 铁路的标准轨距为 1 435 毫米。新建国家铁路必须采用标准轨距。

窄轨铁路的轨距为762毫米或者1 000毫米。

新建和改建铁路的其他技术要求应当符合国家标准或者行业标准。

第三十九条　铁路建成后,必须依照国家基本建设程序的规定,经验收合格,方能交付正式运行。

第四十条　铁路与道路交叉处,应当优先考虑设置立体交叉;未设立体交叉的,可以根据国家有关规定设置平交道口或者人行过道。在城市规划区内设置平交道口或者人行过道,由铁路运输企业或者建有专用铁路、铁路专用线的企业或者其他单位和城市规划主管部门共同决定。

拆除已经设置的平交道口或者人行过道,由铁路运输企业或者建有专用铁路、铁路专用线的企业或者其他单位和当地人民政府商定。

第四十一条　修建跨越河流的铁路桥梁,应当符合国家规定的防洪、通航和水流的要求。

第四十二条　铁路运输企业必须加强对铁路的管理和保护,定期检查、维修铁路运输设施,保证铁路运输设施完好,保障旅客和货物运输安全。

第四十三条　铁路公安机关和地方公安机关分工负责共同维护铁路治安秩序。车站和列车内的治安秩序,由铁路公安机关负责维护;铁路沿线的治安秩序,由地方公安机关和铁路公安机关共同负责维护,以地方公安机关为主。

第四十四条　电力主管部门应当保证铁路牵引用电以及铁路运营用电中重要负荷的电力供应。铁路运营用电中重要负荷的供应范围由国务院铁路主管部门和国务院电力主管部门商定。

第四十五条　铁路线路两侧地界以外的山坡地由当地人民政府作为水土保持的重点进行整治。铁路隧道顶上的山坡地由铁路运输企业协助当地人民政府进行整治。铁路地界以内的山坡地由铁路运输企业进行整治。

第四十六条　在铁路线路和铁路桥梁、涵洞两侧一定距离内,修建山塘、水库、堤坝,开挖河道、干渠,采石挖砂,打井取水,影响铁路路基稳定或者危害铁路桥梁、涵洞安全的,由县级以上地方人民政府责令停止建设或者采挖、打井等活动,限期恢复原状或者责令采取必要的安全防护措施。

在铁路线路上架设电力、通讯线路,埋置电缆、管道设施,穿凿通过铁路路基的地下坑道,必须经铁路运输企业同意,并采取安全防护措施。

在铁路弯道内侧、平交道口和人行过道附近,不得修建妨碍行车瞭望的建筑物和种植妨碍行车瞭望的树木。修建妨碍行车瞭望的建筑物的,由县级以上地方人民政府责令限期拆除。种植妨碍行车瞭望的树木的,由县级以上地方人民政府责令有关单位或者个人限期迁移或者修剪、砍伐。

违反前三款的规定，给铁路运输企业造成损失的单位或者个人，应当赔偿损失。

第四十七条 禁止擅自在铁路线路上铺设平交道口和人行过道。

平交道口和人行过道必须按照规定设置必要的标志和防护设施。

行人和车辆通过铁路平交道口和人行过道时，必须遵守有关通行的规定。

第四十八条 运输危险品必须按照国务院铁路主管部门的规定办理，禁止以非危险品品名托运危险品。

禁止旅客携带危险品进站上车。铁路公安人员和国务院铁路主管部门规定的铁路职工，有权对旅客携带的物品进行运输安全检查。实施运输安全检查的铁路职工应当佩戴执勤标志。

危险品的品名由国务院铁路主管部门规定并公布。

第四十九条 对损毁、移动铁路信号装置及其他行车设施或者在铁路线路上放置障碍物的，铁路职工有权制止，可以扭送公安机关处理。

第五十条 禁止偷乘货车、攀附行进中的列车或者击打列车。对偷乘货车、攀附行进中的列车或者击打列车的，铁路职工有权制止。

第五十一条 禁止在铁路线路上行走、坐卧。对在铁路线路上行走、坐卧的，铁路职工有权制止。

第五十二条 禁止在铁路线路两侧二十米以内或者铁路防护林地内放牧。对在铁路线路两侧二十米以内或者铁路防护林地内放牧的，铁路职工有权制止。

第五十三条 对聚众拦截列车或者聚众冲击铁路行车调度机构的，铁路职工有权制止；不听制止的，公安人员现场负责人有权命令解散；拒不解散的，公安人员现场负责人有权依照国家有关规定决定采取必要手段强行驱散，并对拒不服从的人员强行带离现场或者予以拘留。

第五十四条 对哄抢铁路运输物资的，铁路职工有权制止，可以扭送公安机关处理；现场公安人员可以予以拘留。

第五十五条 在列车内，寻衅滋事，扰乱公共秩序，危害旅客人身、财产安全的，铁路职工有权制止，铁路公安人员可以予以拘留。

第五十六条 在车站和旅客列车内，发生法律规定需要检疫的传染病时，由铁路卫生检疫机构进行检疫；根据铁路卫生检疫机构的请求，地方卫生检疫机构应予协助。

货物运输的检疫，依照国家规定办理。

第五十七条 发生铁路交通事故，铁路运输企业应当依照国务院和国务院有关主管部门关于事故调查处理的规定办理，并及时恢复正常行车，任何单位和个人不得阻碍铁路线路开通和列车运行。

第五十八条 因铁路行车事故及其他铁路运营事故造成人身伤亡的，铁路运输企业应当承担赔偿责任；如果人身伤亡是因不可抗力或者由于受害人自身的原因造成的，铁路运输企业不承担赔偿责任。

违章通过平交道口或者人行过道，或者在铁路线路上行走、坐卧造成的人身伤亡，属于受害人自身的原因造成的人身伤亡。

第五十九条 国家铁路的重要桥梁和隧道，由中国人民武装警察部队负责守卫。

第六十条 违反本法规定，携带危险品进站上车或者以非危险品品名托运危险品，导致发生重大事故的，依照刑法有关规定追究刑事责任。企业事业单位、国家机关、社会团体犯本款罪的，处以罚金，对其主管人员和直接责任人员依法追究刑事责任。

携带炸药、雷管或者非法携带枪支子弹、管制刀具进站上车的，依照刑法有关规定追究刑事责任。

第六十一条 故意损毁、移动铁路行车信号装置或者在铁路线路上放置足以使列车倾覆的障碍物的，依照刑法有关规定追究刑事责任。

第六十二条 盗窃铁路线路上行车设施的零件、部件或者铁路线路上的器材，危及行车安全的，依照刑法有关规定追究刑事责任。

第六十三条 聚众拦截列车、冲击铁路行车调度机构不听制止的，对首要分子和骨干分子依照刑法有关规定追究刑事责任。

第六十四条 聚众哄抢铁路运输物资的，对首要分子和骨干分子依照刑法有关规定追究刑事责任。

铁路职工与其他人员勾结犯前款罪的，从重处罚。

第六十五条 在列车内，抢劫旅客财物，伤害旅客的，依照刑法有关规定从重处罚。

在列车内，寻衅滋事，侮辱妇女，情节恶劣的，依照刑法有关规定追究刑事责任；敲诈勒索旅客财物的，依照刑法有关规定追究刑事责任。

第六十六条 倒卖旅客车票，构成犯罪的，依照刑法有关规定追究刑事责任。铁路职工倒卖旅客车票或者与其他人员勾结倒卖旅客车票的，依照刑法有关规定追究刑事责任。

第六十七条 违反本法规定，尚不够刑事处罚，应当给予治安管理处罚的，依照治安管理处罚法的规定处罚。

第六十八条 擅自在铁路线路上铺设平交道口、人行过道的，由铁路公安机关或者地方公安机关责令限期拆除，可以并处罚款。

第六十九条 铁路运输企业违反本法规定，多收运费、票款或者旅客、货物运输杂费的，必须将多收的费用退还付款人，无法退还的上缴国库。将多收的费用据为己有或者侵吞私分的，依照刑法有关规定追究刑事责任。

第七十条 铁路职工利用职务之便走私的，或者与其他人员勾结走私的，依照刑法有关规定追究刑事责任。

第七十一条 铁路职工玩忽职守、违反规章制度造成铁路运营事故的，滥用职权、利用办理运输业务之便谋取私利的，给予行政处分；情节严重、构成犯罪的，依照刑法有关规定追究刑事责任。

第五节 《铁路机车车辆驾驶人员资格许可办法》

第一章 总 则

第一条 为了规范铁路机车车辆驾驶人员资格许可工作，保障铁路运输安全和畅通，根据《中华人民共和国铁路法》《中华人民共和国行政许可法》《铁路安全管理条例》等法律、行政法规和国家有关规定，制定本办法。

第二条 在中华人民共和国境内的铁路线上，承担铁路运输或者施工、维修、检测、试验等任务的铁路机车、动车组、大型养路机械、轨道车、接触网作业车驾驶人员（以下简称驾驶人员），应当依照本办法向国家铁路局申请铁路机车车辆驾驶资格，经考试合格后取得资格许可，并获得相应类别的铁路机车车辆驾驶证（以下简称驾驶证）。

内地与香港过境作业的铁路机车车辆驾驶人员资格管理，以及外方进入我国境内作业的铁路机车车辆驾驶人员资格管理按有关规定执行。

第三条 国家铁路局负责铁路机车车辆驾驶人员资格许可管理工作。

各地区铁路监督管理局（含北京铁路督察室，下同）负责本辖区内铁路机车车辆驾驶人员资格监督检查工作。

国家铁路局和各地区铁路监督管理局，以下统称铁路监管部门。

第四条 具有下列情形的人员不得驾驶铁路机车车辆：

（一）走私、贩卖或者吸食毒品的；

（二）组织、领导或者参与恐怖主义活动的；

（三）饮酒、服用国家管制的精神药品或者麻醉药品，或者患有妨碍安全驾驶铁路机车车辆疾病，或者存在其他影响安全驾驶行为的；

（四）违章驾驶后未采取考核、教育、培训等措施的；

（五）不具有相应驾驶资格或者持过期、失效、不符合准驾类型驾驶证的（不含经批准在相应申请考试机型上进行实际操作训练或者实际操作考试的人员，下同）。

第五条　驾驶资格按机车车辆类型分为机车系列和自轮运转车辆系列，并对不跨线至国家铁路营业线作业的城际铁路、市域（郊）铁路、专用铁路及铁路专用线驾驶人员实施差异化分类管理。

第六条　对不跨线至国家铁路营业线作业的城际铁路、市域（郊）铁路、专用铁路及铁路专用线驾驶人员的驾驶资格，分为四类，分别以“市”、“专”字拼音第一个字母大写“S”、“Z”脚注予以区分：

（一）S1 类：需从城际及市域（郊）铁路跨线至地铁等城市轨道交通线路作业的，包括城际及市域（郊）铁路本线作业的；

（二）S2 类：仅在城际及市域（郊）铁路本线作业的；

（三）Z1 类：需出专用铁路及铁路专用线厂（矿）区但不过轨进入国家铁路营业线作业的，包括专用铁路及铁路专用线厂（矿）区内和段管线内作业的；

（四）Z2 类：仅在专用铁路及铁路专用线厂（矿）区内和段管线内作业的。

跨线至城市轨道交通线路作业的，须按照国家有关规定取得城市轨道交通列车驾驶员相应职业准入资格。

第七条　驾驶资格具体代码及对应的准驾铁路机车车辆类型为：

（一）机车系列，代码以“机”字拼音第一个字母大写“J”表示：

J5 类：准驾内燃机车（含内电混合动力新能源机车），按适用范围分为 J5、J5S1、J5S2、J5Z1、J5Z2 类型；

J6 类：准驾电力机车（含电电混合、氢动力新能源机车），按适用范围分为 J6、J6S1、J6S2、J6Z1、J6Z2 类型；

J7 类：准驾动力分散型电力动车组（含新能源动车组），按适用范围分为 J7、J7S1、J7S2 类型；

J8 类：准驾动力集中型内燃动车组，按适用范围分为 J8、J8S1、J8S2 类型；

J9 类：准驾动力集中型电力动车组，按适用范围分为 J9、J9S1、J9S2 类型。

（二）自轮运转车辆系列，代码以“辆”字拼音第一个字母大写“L”表示：

L2类：准驾大型养路机械（含新能源大型养路机械），按适用范围分为L2、L2S1、L2S2、L2Z1、L2Z2类型；

L3类：准驾轨道车、接触网作业车（含新能源轨道车、接触网作业车），按适用范围分为L3、L3S1、L3S2、L3Z1、L3Z2类型。

第八条 国家铁路局推进铁路机车车辆驾驶资格信息管理系统（以下简称信息管理系统）建设，通过系统实现驾驶资格申请、考试、证件管理、监督检查等功能。

第九条 国家铁路局建立铁路机车车辆驾驶人员资格信用信息记录库，对聘用铁路机车车辆驾驶人员的企业（以下简称企业）、驾驶资格考试涉及的单位以及人员违反驾驶资格申请、考试、证件管理、执业等相关规定的行为，纳入信用信息记录库并上报至国家统一信用信息共享平台。

第十条 企业应当落实安全生产主体责任，建立健全驾驶人员管理制度。

企业应当为驾驶资格申请人提供必要的学习、培训条件。

企业应当对驾驶人员进行岗前教育和培训，教育和培训合格后方可上岗；未经教育和培训，或者经教育和培训后考核不合格的人员，不得上岗作业。

企业应当定期对驾驶人员组织培训和考核，制定培训大纲和培训计划，建立培训档案，保存培训考核记录。考核不合格的驾驶人员应当及时调整工作岗位。

企业应当对驾驶人员定期进行健康检查，符合国家对驾驶人员健康标准要求的，方可允许上岗作业。

企业应当对驾驶资格申请人和驾驶人员进行安全背景审查，科学合理制定执乘制度，保证驾驶人员身心健康，并根据驾驶人员的年龄、健康状况、技能水平等确定合理的执乘方式，确保铁路运输安全。

第十一条 驾驶人员应当遵守铁路运输安全法律、法规的规定，严格按照操作规程安全驾驶，有权拒绝违章指挥。

第十二条 任何单位或者个人不得强迫、指使、纵容驾驶人员违反铁路运输安全法律、法规和安全驾驶要求驾驶铁路机车车辆，不得将铁路机车车辆交由不具有相应驾驶资格的人员驾驶。

第二章 申 请

第十三条 申请取得驾驶证的，应当具备下列条件：

（一）年龄在18周岁至45周岁，申请Z1类驾驶资格的年龄上限可以延长至50周岁，申请Z2类驾驶资格的年龄上限可以延长至55周岁；

（二）身体健康，符合国家对驾驶人员健康标准的要求，驾驶适应性测试合格，有良好的汉字读写能力并能够熟练运用普通话交流，申请Z1、Z2类驾驶资格的，对驾驶适应性测试不作要求；

（三）具有国家承认的中专及以上学历（含高中、高职、技校，下同），但是第七项规定的除外；

（四）机车系列申请人应当连续机务乘务学习1年以上或者机务乘务学习行程6万公里以上，自轮运转车辆系列申请人应当连续自轮运转车辆乘务学习6个月以上；但是第六项、第七项、第八项规定的除外；

（五）不具有本办法第四条第一项、第二项规定的情形；

（六）申请J9或者J8类驾驶资格的，应当连续动车组机务乘务学习1年以上且乘务学习行程6万公里以上；

（七）申请J7类驾驶资格的，应当具有国家承认的机车车辆或者机电类专业大专及以上学历；并且连续动车组机务乘务学习行程20万公里，或者连续动车组机务乘务学习2年以上且乘务学习行程15万公里以上，或者连续担任动车组机械师职务2年以上且连续动车组机务乘务学习行程10万公里以上；

（八）申请S1、S2类驾驶资格的，应当连续机务乘务学习1年以上或者机务乘务学习行程6万公里以上，或者连续地铁乘务学习2年以上，或者连续自轮运转车辆乘务学习6个月以上；申请Z1、Z2类驾驶资格的，应当连续机务乘务学习1年以上或者机务乘务学习行程3万公里以上，或者连续自轮运转车辆乘务学习6个月以上。

初次申请驾驶证只能申请机车系列J9、J8、J7、J6、J5类中的一种，或者自轮运转车辆系列L3、L2类中的一种。

第十四条　初次申请驾驶证的，申请人应当提交下列材料：

（一）铁路机车车辆驾驶人员资格考试申请表；

（二）本人居民身份证、港澳台居民居住证或者外国人永久居留身份证；

（三）具有资质的健康体检机构或者二级及以上医疗机构按要求出具的近1年内的体检合格报告；

（四）本人学历相关材料。

第十五条　申请人应当按照本办法规定提交完整、真实的申请材料。

通过信息管理系统申请时，按系统要求办理。

第十六条　增加本系列准驾机车车辆类型或者增加准驾系列称为增驾。申请增驾时，每次可以申请某一系列的一种机车车辆类型。

已具有J9、J8、J7、J6、J5类驾驶资格之一可以互为申请其中的一种。J9、J8、J6、

J5类申请J7类增驾资格时,应当不超过45周岁,具有所持有的驾驶资格2年以上且安全乘务10万公里以上;J9、J8、J6、J5类互为申请增驾资格时,应当具有所持驾驶资格1年以上且安全乘务6万公里以上。

L2类持证人申请L3类增驾资格时,应当具有L2类驾驶资格2年以上且安全乘务1万公里以上;L3类持证人申请L2类增驾资格时,应当具有L3类驾驶资格2年以上且安全乘务1万公里以上。

第十七条 申请增驾时,申请人应当提交本办法第十四条第一项、第二项、第三项规定材料和已持有的驾驶证信息。

第三章 考 试

第十八条 国家铁路局组织建立并管理驾驶资格考试考点、专家库、试题库、考评员库,发布考试公告,编写并公布考试大纲。

驾驶资格考试考点应当符合考试相关规定,达到相应的保密要求,具有良好的社会信誉。

第十九条 国家铁路局铁路机车车辆驾驶人员资格考试中心(以下简称国家铁路局考试中心)具体承办铁路机车车辆驾驶人员资格考试工作。

第二十条 初次申请和申请增驾的人员应当参加国家铁路局组织的考试。考试包括理论考试和实际操作考试。

理论考试内容包括行车安全规章和专业知识两个科目。实际操作考试内容包括检查与试验、驾驶两个科目。

经理论考试合格后,方准予参加实际操作考试。理论考试或者实际操作考试如有一个科目不合格,即为考试不合格。

第二十一条 理论考试成绩2年内有效。在理论考试合格有效期内,最多允许参加3次实际操作考试。未在有效期内通过实际操作考试的,本次理论考试成绩作废。

国家铁路局通过信息管理系统公布申请人考试成绩。

第四章 驾驶证管理

第二十二条 申请人符合条件且考试合格的,由国家铁路局作出准予行政许可的决定,并颁发相应类别的实体驾驶证。

信息管理系统自动生成电子驾驶证。

第二十三条 驾驶证仅限本人持有和使用,企业不得非法扣留驾驶证。驾驶人员执业遇执法检查时,应当主动配合驾驶资格查验工作。

查验驾驶资格时,电子驾驶证和实体驾驶证均可以作为验证依据。若实体驾驶证与电子驾驶证信息发生不一致时,以电子驾驶证信息为准。

第二十四条 驾驶证应当记载和签注下列内容:

(一)持证人信息:姓名、性别、出生日期、所在单位、公民身份号码或者港澳台居民居住证号码或者外国人永久居留身份证号码、本人照片;

(二)核发机构签注:准驾机车车辆类型代码、初次领驾驶证日期、有效起止日期、核发机关印章。

第二十五条 驾驶证有效期为6年。驾驶证有效截止日期不得超过持证人法定退休日期。

驾驶证有效期满、需要延续的,应当在驾驶证有效期届满前180日内、30日前通过信息管理系统向国家铁路局提出换证申请。驾驶证记载内容发生变化、损毁或者丢失的,应当在90日内向国家铁路局申请换证或者补证。国家铁路局审核后认为符合条件的,予以换证或者补证。

非有效期满换证或者补证的,换发或者补发后的驾驶证有效截止日期不变。申请换证或者补证时无须提交体检合格报告和照片。

驾驶证申请补证期间,驾驶人员可以凭电子驾驶证执业。

第二十六条 有下列情形之一的,应当撤销驾驶资格许可:

(一)工作人员滥用职权、玩忽职守,致使不符合条件的人员取得驾驶证的;

(二)以欺骗、贿赂等不正当手段取得驾驶证的;

(三)依法可以撤销驾驶资格许可的其他情形。

因本条第一款第二项原因撤销驾驶资格许可的,3年内不得再次申请驾驶证。

第二十七条 有下列情形之一的,应当注销驾驶资格许可:

(一)驾驶证有效期届满未延续的;

(二)驾驶人员死亡或者丧失行为能力的;

(三)驾驶证被依法撤销的;

(四)法律、法规规定的其他情形。

第五章 监督管理

第二十八条 驾驶人员应当持续符合许可条件。国家铁路局对驾驶人员实施驾驶资格技能鉴定和职业资格等级评定制度,加强对驾驶人员资格许可的事中事后监管。

第二十九条 铁路监管部门应当加强对企业和驾驶人员的监督检查,对违法违规行为及时纠正,依法查处。

第三十条　企业应当加强对本单位驾驶人员的管理，不得实施下列行为：

（一）安排未取得驾驶资格的人员驾驶铁路机车车辆；

（二）安排驾驶人员持过期、失效或者不符合准驾类型的驾驶证驾驶铁路机车车辆；

（三）安排存在本办法第四条规定情形的人员驾驶铁路机车车辆。

第三十一条　企业发现本单位驾驶人员的驾驶资格许可存在应当被撤销、注销情形的，应当自发现之日起30日内向国家铁路局报告，并通过信息管理系统向国家铁路局办理注销手续。

第三十二条　铁路监管部门发现已取得驾驶资格的人员存在本办法规定的不得驾驶铁路机车车辆情形或者违反铁路驾驶作业相关安全规章制度危及安全的，应当予以纠正，责令驾驶人员予以整改。整改完成后，经铁路监管部门检查符合要求的，方可继续上岗作业。

第三十三条　铁路监管部门执法人员对企业和驾驶人员进行监督检查时应当出示有效的执法证件，不得干扰驾驶人员的正常工作，不得非法扣留驾驶证。

第六章　法律责任

第三十四条　申请人隐瞒有关情况或者提供虚假材料申请驾驶证的，国家铁路局不予受理或者不予行政许可，并给予警告；申请人在1年内不得再次申请。

第三十五条　申请人在考试过程中有贿赂、舞弊行为的，或者申请材料弄虚作假的，取消考试资格，已经通过的考试科目成绩无效。

第三十六条　驾驶人员有下列行为之一的，由铁路监管部门处1 000元以下的罚款：

（一）饮酒、服用国家管制的精神药品或者麻醉药品后驾驶铁路机车车辆的；

（二）因个人违章驾驶铁路机车车辆发生较大及以上铁路交通事故的；

（三）将铁路机车车辆交由未取得驾驶资格的人员驾驶的；

（四）持过期、失效或者不符合准驾类型的驾驶证驾驶铁路机车车辆的。

第三十七条　驾驶资格申请、考试相关单位和个人有下列行为之一的，由铁路监管部门给予警告，处违法所得3倍以下、最高不超过3万元的罚款，没有违法所得的，处1万元以下的罚款；对直接负责的主管人员和其他直接责任人员处1 000元以下的罚款：

（一）对驾驶适应性测试不合格的申请人出具虚假合格证明的；

（二）对不符合要求的申请人出具虚假乘务经历合格证明的。

第三十八条　企业有下列行为之一的，由铁路监管部门责令改正，给予警告，处违法所得3倍以下、最高不超过3万元的罚款，没有违法所得的，处1万元以下的罚款；对直接负责的主管人员和其他直接责任人员处1 000元以下的罚款：

（一）明知驾驶人员饮酒、服用国家管制的精神药品或者麻醉药品仍安排其驾驶铁路机车车辆的；

（二）明知驾驶人员患有妨碍安全驾驶铁路机车车辆的疾病，或者存在其他影响安全驾驶行为仍安排其驾驶铁路机车车辆的；

（三）强迫、指使、纵容驾驶人员违反铁路运输安全法律、法规和安全驾驶要求驾驶铁路机车车辆的；

（四）安排未取得驾驶资格的人员驾驶铁路机车车辆的；

（五）安排驾驶资格与准驾类型不符的人员驾驶铁路机车车辆的；

（六）安排驾驶人员持过期、失效驾驶证驾驶铁路机车车辆的；

（七）对违章驾驶人员未采取考核、教育、培训等措施仍安排其驾驶铁路机车车辆的。

第三十九条　企业有下列行为之一的，由铁路监管部门给予警告，处违法所得3倍以下、最高不超过3万元的罚款，没有违法所得的，处1万元以下的罚款；对直接负责的主管人员和其他直接责任人员处1 000元以下的罚款；违反《中华人民共和国安全生产法》的，按照《中华人民共和国安全生产法》的有关规定给予处罚：

（一）上岗前未对驾驶人员进行上岗培训的；

（二）未建立驾驶人员管理制度的；

（三）未制定岗位培训大纲和培训计划的；

（四）未建立培训档案的；

（五）未定期组织培训考核的；

（六）对培训考核不合格的人员未及时调整工作岗位的；

（七）非法扣留驾驶人员驾驶证的；

（八）发现本单位驾驶人员存在符合驾驶证撤销、注销的情形未按时报告国家铁路局的。

第四十条　有下列行为之一的，按照有关规定对责任人员给予处分；构成犯罪的，依法追究刑事责任：

（一）参与、协助、纵容考试舞弊的；

（二）故意为不符合申请条件、未经考试、考试不合格人员签注合格成绩或者核发驾驶证的；

（三）故意为不符合条件的人员换发或者补发驾驶证的；

（四）在办理驾驶资格过程中索取或者收受他人财物或者谋取其他利益的。

第七章　附　　则

第四十一条　国家铁路局依据本办法制定实施细则。

第四十二条　国家铁路局考试中心具体承办驾驶人员的驾驶资格技能鉴定和职业资格等级评定有关工作。

鼓励和支持相关行业协(学)会及其会员单位参与驾驶人员的驾驶资格考试、技能鉴定和职业资格等级评定有关工作。

第四十三条　本办法自2024年12月1日起施行。交通运输部于2019年12月2日以交通运输部令2019年第43号公布的《铁路机车车辆驾驶人员资格许可办法》同时废止。

第六节　其他相关法律法规

一、铁路职工违反规章制度，致使发生铁路运营安全事故触犯刑法规定

本条款出自《中华人民共和国刑法》第一百三十二条。

铁路职工违反规章制度，致使发生铁路运营安全事故，造成严重后果后，处三年以下有期徒刑或者拘役；造成特别严重后果的，处三年以上七年以下有期徒刑。

二、铁路机车车辆驾驶人员上岗规定

本条款出自《铁路安全管理条例》第五十七条。

铁路机车车辆的驾驶人员应当参加国务院铁路行业监督管理部门组织的考试，考试合格方可上岗。具体办法由国务院铁路行业监督管理部门制定。

三、业务培训和安全培训规定

本条款出自《铁路安全管理条例》第五十八条。

铁路运输企业应当加强铁路专业技术岗位和主要行车工种岗位从业人员的业务培训和安全培训，提高从业人员的业务技能和安全意识。

四、设施设备安全规定

本条款出自《铁路安全管理条例》第六十条。

铁路运输企业应当建立健全铁路设施设备的检查防护制度，加强对铁路设施

设备的日常维护检修，确保铁路设施设备性能完好和安全运行。

铁路运输企业的从业人员应当按照操作规程使用、管理铁路设施设备。

五、铁路机车车辆的驾驶人员持过期或者失效驾驶证件执业的处罚规定

本条款出自《违反〈铁路安全管理条例〉行政处罚实施办法》第三十六条。

违反《条例》第五十七条规定，铁路机车车辆的驾驶人员持过期或者失效驾驶证件执业的，由地区铁路监督管理局责令改正，可以处1 000元以下的罚款。

复习思考题

1. 生产经营单位应当对从业人员进行安全生产教育和培训有何规定？

2. 铁路职工玩忽职守、违反规章制度造成铁路运营事故的，滥用职权、利用办理运输业务之便谋取私利的如何规定？

3. 由于哪些原因造成的货物、包裹、行李损失的，铁路运输企业不承担赔偿责任？

4. 哪些情况行政机关应当依法办理有关行政许可的注销手续？

5. 被许可人有哪些情形，行政机关应当依法给予行政处罚；构成犯罪的，依法追究刑事责任？

6. 全国噪声污染防治实施管理有何规定？

7. 携带驾驶证规定？

8. 铁路职工违反规章制度，致使发生铁路运营安全事故，造成严重后果后如何规定？

复习思考题答案

第一章

1. 机车车辆伤害事故按其造成伤害主要因素可分为哪几种？

答：按其造成伤害的主要因素可以分为：

(1)作业人员违章抢道、走道心、钻车底、跳车、扒车、以车代步、作业侵限等人为因素造成的伤害。

(2)线路上作业不设防护、作业防护不到位、作业环境不良、违章指挥等管理因素造成的伤害。

2. 机车车辆伤害事故致因因素包括哪四方面因素？

答：(1)人的不安全行为。(2)物的不安全状态。(3)作业环境不良。(4)安全管理缺陷。

3. 事故致因因素中人的因素不安全行为有哪些？

答：(1)作业人员安全意识淡薄，缺乏防护技能。如：作业人员没有树立安全意识，"安全第一"的思想移位，不遵守安全规章，存在侥幸心理，养成了惯性违章坏习惯；工作不认真，心不在焉，不考虑自身及他人安全，简化作业程序；作业人员岗位技能不扎实，应变能力差，未掌握相关安全作业标准及防护知识，缺乏安全防护技能等。

(2)作业人员侵入机车车辆限界。如：检查机车时侵入邻线；不按规定的走行线路行走；沿线路行走时走道心或轨枕头；在靠近线路旁坐卧、休息；未随时注意邻线机车、车辆动态；扒乘机车车辆、以车代步；接发列车时，未按照《站细》规定的地点站立；没有下道或下道不及时，距离线路安全距离不够等。

(3)作业人员盲目穿越线路。如：横越线路时，未执行"一站、二看、三通过"规定；未确认机车、车辆暂不移动就翻越车辆；钻车底；横越停留机车车辆的线路绕行时安全距离不够；在运行的机车车辆前抢越线路等。

(4)作业人员违章上道作业。如：未设防护或防护未到位，作业人员就上道作业；上道作业未按规定着装、佩戴防护用品和正确使用防护用具；天窗点外擅自上道作业；无计划上道作业；提前上道作业；不在规定区域和时间进行作业；在不具备作业条件下上道作业；未设置防护信号进行装卸、检车、整备等作业；防护中断脱节；下道避车不及时，避车安全距离不足等。

(5)作业人员违反调车作业标准。如：调车作业中未选好地点上下车、超速上下车、迎面上车、反面上下车；在运行中上下内燃、电力机车(设有上下车脚蹬的调车机除外)；在车辆未停稳时调整钩位、跨越车辆或骑坐车帮；在棚车顶部或装载超出车帮的货物上站立、行走；在车梯上探身过远、站在低于站台的车梯上(遇有站台时)；调车人员使用手制动机制动时未正确使用安全带；未设防护进入车挡摘接制动软管、调整钩位；使用铁鞋制动时未背向来车方向、徒手使用铁鞋等。

(6)作业人员违反有关作业标准。如：机车动车前，未确认车组人员到齐和车上车下无其他作业人员即动车；运行中，机车乘务员未认真瞭望，未按规定鸣笛，遇有危及人身安全时，未立即采取减速或停车措施；乘务员在机车、车辆运行中提车钩、摘制动软管或调整钩位；机车乘务员、检修人员及其他人员在列车运行中进行机车外部作业；电力机车、内燃机车、自轮运转设备等在运行中未关闭车门；人员探身车外瞭望作业时超出限界等。

(7)防护用品、用具使用不规范。如：未正确使用劳动防护用品；夜间作业时穿戴无反光标志的防护服等。

4. 人体触电方式有哪几种？

答：直接接触触电、间接接触触电、跨步触电、高压电场对人体的伤害、静电对人体的伤害、雷电。触电时人体会受到某种程度的伤害，按其形式可分为电击和电伤两种。

5. 带电作业安全有哪些安全规定？

答：(1)在低压线路、设备上进行带电作业，应由有一定实践经验的人员担任工作，要经过严格的审批程序，并指定专人监护；工作时要戴工作帽，穿长袖衣服，扣紧袖口，戴绝缘手套，穿绝缘鞋或站在干燥的绝缘垫上进行。

(2)严禁穿汗背心或短裤进行带电作业。

(3)邻近相带电部分和接地金属部分应用绝缘板隔开，低压相间距离很小，检修时要注意防止人体同时接触两相和防止相间短路。

(4)带电装卸熔断器管座，要戴防护眼镜和绝缘手套，必要时使用绝缘夹钳，工作人员应站在绝缘垫上，熔断器的容量要与设备、线路、装机容量相适应。

(5)线路上带电作业，应在天气良好的条件下进行，雷雨时应停止工作。

(6)应使用合格的绝缘工具。

(7)在高压线路附近工作时,应先检查与高压线的距离是否符合规定,若不符合,要采取防止误碰高压线的措施。

(8)要保持人体与大地之间,人体与周围接地金属之间,人体与其他相的导体或零线之间有良好的绝缘和适当的距离。

(9)一般不应带负荷断电和接电,断开导线时应先断开火线,后断开地线,搭线时,接电时,先接地线(先接零线),后接火线(后接相线)。

6. 高处坠落事故大体可分为哪几种?

答:(1)攀登作业坠落事故(铁塔上、电杆上、设备上、构架上、树上以及其他各种物体上坠落等)。

(2)临边作业坠落事故(预留口、通道口、楼梯口、电梯口、阳台口、洞、沟、坑、池坠落等)。

(3)悬空作业坠落事故。

(4)脚手架上坠落事故。

(5)坡面上作业坠落事故。

(6)屋面上作业坠落事故。

(7)拆除工程中坠落事故。

(8)梯子上作业坠落事故。

(9)操作平台作业坠落事故。

(10)石棉瓦等轻型屋面坠落事故。

7. 高处作业有哪些安全要求?

答:(1)作业前要进行安全分析,制订安全技术措施并组织交底,向作业人员交代作业任务和安全注意事项,详细了解作业内容和作业部位及周边状况。

(2)作业前应对施工现场进行检查督促,落实安全措施,要对人员行走的通道,行走和站立的脚手板,临空处的栏杆、安全网,上下梯子等进行检查,确认符合安全要求后方可作业。搭设完毕的设施,必须经施工负责人全面检查验收后方能使用。

8. 起重机作业过程中有哪些安全事项?

答:(1)操作前和操作中接近人,必须及时鸣铃或示警。

(2)操作过程中,“六不准”:不准利用权限位置限制器停车;不准利用打反车进行制动;不准在起重作业中进行检查和维修;不准带载调整起升、变幅机构的制动器，或带载增大作业幅度；不准吊物从人头顶上通过；吊物和起重臂下不准站人。

(3)严格按指挥信号操作，接到紧急停止信号，均必须立即紧急停止作业。

(4)吊载接近或达到额定值，或起吊危险品(液态金属、有害物、易燃易爆物)时，吊运前认真检查制动器，并用小高度、短行程试吊，确认没有问题后再吊运。

9. 吊运物品"三不越过"是什么？

答：(1)不从人头上越过。

(2)不从汽车、火车头上越过。

(3)不从设备上越过。

10. 预防物体打击作业人员安全防护有哪些要求？

答：1. 作业人员或检查人员进入施工现场必须按规定佩戴好合格安全帽和其他防护用品。应在规定的安全通道内出入和上下，不得在非规定通道位置行走。

2. 打桩和锤击时，作业人员必须戴防护眼镜，穿棉质工作衣裤和工作皮鞋。

3. 高处作业人员的身体条件要符合安全要求。如：不准患有高血压病、心脏病、贫血、癫痫病等不适合高处作业的人员，从事高处作业；对疲劳过度、精神不振和思想情绪低落人员要停止高处作业；严禁酒后从事高处作业。

4. 高处作业人员的个人着装要符合安全要求。如：根据实际需要配备安全帽、安全带和有关劳动保护用品；不准穿高跟鞋、拖鞋、硬底鞋或赤脚作业；如果是悬空高处作业要穿软底防滑鞋。不准攀爬脚手架或乘运料井字架吊篮上下，也不准从高处跳上跳下。

11. 防止机械伤害"一禁、二必须、三定、四不准"的安全规定是什么？

答：(1)不懂电器和机械的人员严禁使用和摆弄机电设备。

(2)机电设备应完好，必须有可靠有效的安全防护装置。

(3)机电设备停电、停工休息时必须拉闸关机，电箱按要求上锁。

(4)机电设备应做到定人操作、定人保养、检查。

(5)机电设备应做到定机管理、定期保养。

(6)机电设备应做到定岗位、定岗位职责。

(7)机电设备不准带病运转。

(8)机电设备不准超负荷运转。

(9)机电设备不准在运转时维修保养。

(10)机电设备运行时，操作人员不准将头、手、身伸入运转的机械行程范围内。

12. 使用砂轮机有哪些安全要求？

答：(1)不准用砂轮侧面研磨，不准一个砂轮两人同时研磨。

(2)砂轮磨耗接近夹盘时不准继续使用。

(3)过大工件不准在固定式砂轮上研磨。过小工件不准手持研磨，应用手钳夹牢作业。

(4)砂轮机开动后，身体应站立在侧面，头部要躲开，工件放置研磨台上，轻轻推动，严禁用工件撞击砂轮。

(5)凡使用手动砂轮机(包括风动、电动)除应做好以上各点外，必须做到：一是使用砂轮机时，要戴好绝缘手套，脚下设有绝缘垫板。使用风动砂轮机时，开风要徐徐开启风门。作业中要选好研磨操作位置，防止一旦砂轮崩裂伤人。二是手动砂轮机使用或作业暂时停止时，不得将砂轮机随意乱放，应放在不潮湿、不冷冻、不碰撞的处所。

13. 什么是火灾普遍性？

答：普遍性是指火灾不论在哪个地区，不论在什么单位和部位，都会发生；火灾不限于发生在火灾危险性较大的单位和场所，从居民住宅到一般的大小单位(也包括公共场所)都可能发生。

14. 储压式干粉灭火器如何使用？

答：储压式干粉灭火器。使用灭火器时注意，先使灭火器上下颠倒并摇晃几下，使内部干粉松动并与压缩气体充分混合。然后摆正灭火器，拔出手压柄和固定柄(提把)间的保险销，右手握住灭火器喷射管，左手用力压下并握紧两个手柄，使灭火器开启。待干粉射流喷出后，右手根据火灾情况，上下左右摆动，将干粉喷于火焰根部即可灭火。

15. 毒害品按国际上比较普遍采用的分类法可分为哪6种？

答：按国际上比较普遍采用的分类法，半数致死量分级法可分为剧毒、高毒、中毒、低毒、基本无毒和无毒6类。

16. 有毒有害场所作业中预防中毒的措施有哪些规定？

答：(1)当接触危险化学品时，不能吃、喝、吸烟及嚼口香糖。

(2)不要在化学物品区域或生产岗位存放食物及饮料。

(3)与危险化学品接触后，必须用肥皂洗手。

(4)避免皮肤及眼睛与危险化学品直接接触。

(5)绝对不能用裸手与危险化学品接触。

(6)如果发现有粉尘,必须立即戴防粉尘面具,面具中的过滤器应该定期更换。

(7)定期更换脏衣服,危险化学品区所有的劳动防护用品要单独存放。

(8)熟悉掌握并遵守紧急救护的有关规定和步骤。

(9)不能一个人单独进行作业。

17. 中暑有哪些人体反应?

答:在酷热的环境中,当人体体温上升时,身体机能会自然地作出一些生理调节来降低体温,例如增加排汗和呼吸次数。可是,当环境温度过高,这些生理调节不能有效地控制体温时,当体温升至41 ℃或以上时,会出现全身痉挛或昏迷等现象,称为中暑。

18. 预防中暑有哪些措施?

答:(1)经常留意气象台发出之天气警告,在炎热天气下应采取措施,以防中暑。

(2)在室内尽量打开窗户,利用风扇和空气调节以保持通风。

(3)避免在湿热的环境下作剧烈运动,应选择室内通风的场所进行。

(4)如要外出,可穿着浅色、宽松和通爽的衣物,戴上宽边帽子或伞以阻挡阳光直射及帮助散热。

(5)在酷热的天气下,不应作长程的登山或远足等活动。

(6)户外活动最好安排早上或黄昏后。

(7)应补充足够水分,以防脱水现象。

(8)避免喝含咖啡因和酒类等利尿饮品。

(9)不应留在停泊了的车内。

(10)若有任何不适,应立即向医生求诊。

19. 冬季上班前有哪些要求?

答:(1)上班前严禁饮酒,充分休息,保证工作时精力充沛、思想集中。

(2)工作前必须按规定穿戴好防护用品,防寒帽必须有耳孔且孔径不小于20 mm,禁止穿高跟鞋、塑料底鞋及带钉子鞋作业。

(3)作业前认真检查确认使用的工具、交接的设备状态良好,严禁使用不良机具,严格执行岗位责任制和交接班制度,认真听取工班长班前对生产计划安排以及对安全生产注意事项的布置要求,作业中要认真执行各种规章命令,团结协作,密切联系,不得臆测行事,不准玩笑打逗。

20. 冬季在站场上作业及行走时有哪些安全要求？

答：在站场上作业和行走时，禁止戴妨碍视觉、听觉的色镜、帽子或其他遮盖物，有冰冻时在鞋上绑扎草绳或穿其他防滑鞋具，以防滑倒摔伤；要随时注意来往的列车和机车车辆的移动，遇风、雪、雾天气更应特别注意邻线有无来往机车、车辆，要站在适当位置，防止被车上坠落物品、篷布、绳索等击伤，严禁走轨枕头、道心、轨面，严禁在车底下、车端部和站台边坐立、闲谈休息、避风雪。

21. 避免心理异常发生有哪些方法？

答：(1)倾诉倾倒心理垃圾。

(2)转移注意力。

(3)学会宽容。

(4)常怀感恩之心。

(5)互相帮助。

(6)学会等待。

(7)懂得妥协。

(8)抛开心理包袱。

(9)拓展心理空间。

22. 横越线路时有何规定？

答：横越线路时，必须做到“一站、二看、三通过”，严禁抢越、钻车或穿越两车间隙，严禁在道心或轨枕头上行走，严禁扒乘机车车辆以车代步。

23. 电气化区段内作业禁止事项有哪些？

答：(1)在电气化区段内，禁止任何人攀登到车顶或车辆装载的货物上。

(2)电化区段所有接触网支柱上均设有“高压危险”警示标志，禁止借助接触网支柱搭设脚手架。

(3)电气化区段上水、保洁、施工等作业，不得将水管向供电线路方向喷射，站车保洁不得采用向车体上部喷水方式洗刷车体(因为水柱能导电)。

(4)牵引供电设备故障时，禁止与支柱、接地引下线、综合接地线接触，并保持安全距离。

24. 安全标志有哪些分类？

答：安全标志分类(6类)：禁止标志、警告标志、指令标志、提示标志、提示标志的方向辅助标志、文字辅助标志。

25. 劳动防护用品有哪些分类？

答：头部防护、呼吸器官防护、眼面部防护、听觉器官防护、手部防护、足部防护、躯干防护、护肤、其他劳动防护。

第二章

1. 生产经营单位应当对从业人员进行安全生产教育和培训有何规定？

答：生产经营单位应当对从业人员进行安全生产教育和培训，保证从业人员具备必要的安全生产知识，熟悉有关的安全生产规章制度和安全操作规程，掌握本岗位的安全操作技能，了解事故应急处理措施，知悉自身在安全生产方面的权利和义务。未经安全生产教育和培训合格的从业人员，不得上岗作业。

2. 铁路职工玩忽职守、违反规章制度造成铁路运营事故的，滥用职权、利用办理运输业务之便谋取私利的如何规定？

答：铁路职工玩忽职守、违反规章制度造成铁路运营事故的，滥用职权、利用办理运输业务之便谋取私利的，给予行政处分；情节严重、构成犯罪的，依照刑法有关规定追究刑事责任。

3. 由于哪些原因造成的货物、包裹、行李损失的，铁路运输企业不承担赔偿责任？

答：(1)不可抗力。

(2)货物或者包裹、行李中的物品本身的自然属性，或者合理损耗。

(3)托运人、收货人或者旅客的过错。

4. 哪些情况，行政机关应当依法办理有关行政许可的注销手续？

答：(1)行政许可有效期届满未延续的；

(2)赋予公民特定资格的行政许可，该公民死亡或者丧失行为能力的；

(3)法人或者其他组织依法终止的；

(4)行政许可依法被撤销、撤回，或者行政许可证件依法被吊销的；

(5)因不可抗力导致行政许可事项无法实施的；

法律、法规规定的应当注销行政许可的其他情形。

5. 被许可人有哪些情形，行政机关应当依法给予行政处罚；构成犯罪的，依法追究刑事责任？

答：(1)涂改、倒卖、出租、出借行政许可证件，或者以其他形式非法转让行政许可的；

(2)超越行政许可范围进行活动的;

(3)向负责监督检查的行政机关隐瞒有关情况、提供虚假材料或者拒绝提供反映其活动情况的真实材料的;

(4)法律、法规、规章规定的其他违法行为。

6. 全国噪声污染防治实施管理有何规定?

答:国务院生态环境主管部门对全国噪声污染防治实施统一监督管理。

地方人民政府生态环境主管部门对本行政区域噪声污染防治实施统一监督管理。

各级住房和城乡建设、公安、交通运输、铁路监督管理、民用航空、海事等部门,在各自职责范围内,对建筑施工、交通运输和社会生活噪声污染防治实施监督管理。

基层群众性自治组织应当协助地方人民政府及其有关部门做好噪声污染防治工作。

7. 携带驾驶证规定?

答:驾驶证仅限本人持有和使用,企业不得非法扣留驾驶证。驾驶人员执业遇执法检查时,应当主动配合驾驶资格查验工作。

查验驾驶资格时,电子驾驶证和实体驾驶证均可以作为验证依据。若实体驾驶证与电子驾驶证信息发生不一致时,以电子驾驶证信息为准。

8. 铁路职工违反规章制度,致使发生铁路运营安全事故,造成严重后果后如何规定?

答:铁路职工违反规章制度,致使发生铁路运营安全事故,造成严重后果后,处三年以下有期徒刑或者拘役;造成特别严重后果的,处三年以上七年以下有期徒刑。